U0240546

GUANZHONG LIU

柳冠中 著

断想

中国工业设计

THOUGHTS

ON

CHINESE

INDUSTRIAL

DESIGN

江苏凤凰美术出版社

目录
-
CONTENTS
-

Industrial Design
Thoughts in China

Concept

006

CONCEPT

观念——

Industrial Design
Thoughts in China

—

Concept

—

002

讲了 30 年了，工业设计是什么，实际上最本质的是解决一门关系的学问，不是它的结果。我们关注的都是结果，一个酷的手机，一个非常好的界面；我们都注意到元素、要素、技巧，这个不解决设计到底是什么？我们可以深入研究也可以辩论。

从理论上说，工业设计是工业化时代创造性设计活动的总称，贯穿于研究需求、工业制造、营销流通、消费使用、环境保护等社会活动全过程中。

从经济学的角度而言：大工业社会创新基于分工的细化，在大批量生产前，有一种创新机制能横向调和各工种之间的矛盾，以整合工业化社会中需求、制造、流通、使用各利益环节的关系。这种考虑系统整体利益的理论、方法、程序、技术和管理以及社会机制的活动，统称"工业设计"。

从社会学的角度而言：工业设计是人类总体文明对工业文化的修正。工业设计又是将工业生产引入社会文化体系的全过程。它的核心成果是创造工业产品系统的社会文化价值，也是文化创意产业的核心。从 1985 年我就强调过：设计本身就是一种创造行为，是创造一种更为合理的生存（使用）方式。

从经济学（供需）和社会学（人性）融合的角度说：是在逻辑层面对人类欲望与可持续社会发展原则的综合。工业设计是工业时代一切设计活动的观念、机制、方法、和评价思路。

工业设计是一种智力型、整合性的系统创造活动；是重组知识、资源和产业结构；转化与开发技术，提升企业品牌竞争力和价值；塑造先进的社会文化；创造更合理和更健康的生存方式，构建可持续发展的和谐社会。

工业设计并不像某些科学家曲解的外形设计！自古以来设计的本质一直不是能用 1.0 或 2.0 能解释的！这是用技术之刀阉割人类设计的本能和智慧，只会将设计引入歧途，成为某些人的工具。我们应建立论坛，认真而理性地正面论述！

工业设计是解决工业化社会分工带来的制造和受众需求以及社会各工种、各专业、各利益集团之间的矛盾，从而以生产关系的角色优化工业化系统中各环节要素的合理匹配的创新，以提升社会生产的效率和生活的品质。

"工业设计"这门学科在 20 世纪 70 年代传入中国时，仅从艺术造型、装饰的角度来认识，这是由于中国的经济还未完全脱离以材料为主体的自然经济模式；随着中国工业化的进程和改革开放的深入，中国的经济由于第二次引进高潮，逐渐形成一个加工型的工业模式，所以以技术为主体的观念遍布工业设计界；至市场经济萌发的 90 年代初，商业促销及市场效应又使工业设计感到十分被动。而在国外，工业设计正经历着从"以形式、包装为目的向功能为主体"的演变；从"以技术为主体"向"以需求为主体"的演变；从"以商业营销为主体"

向"以环境保护为主体"的演变。人类正经历着一场"绿色革命"，设计被重新设计着……

传统工业设计正在悄然发生转型，这将使得设计在更多领域发生作用。

有三个特征：一是"服务设计"。这是商业或者社会转向系统竞争时代的产物，设计的本质是解决需求的本质的；二是"交互设计"。伴随着一个世界转变为二个世界的进程，虚拟与现实之间的沟通需要建立更加有效的语言体系，交互设计充当了翻译，即"传达"的作用；三是"社会创新"。设计最重要的社会价值在于对当今已异化了的世界文明的修正，伴随着欲望的膨胀和无节制的消费，引导可持续的观念更成为设计师的责任，而不仅是商业的附庸。

工业设计在不到一个世纪的时间里，已从一株幼芽成长为一棵大树。它既不是美术，也不是工艺，而是一种生活方式的艺术。

工业设计不仅仅是一种专业、一种技巧；设计是一种人类生存与大自然共生最早的智慧，也是人类社会关系进化、分工的智慧；设计是人类远早于"科学""艺术"的一种需求与行为。设计在许多方面深刻影响着我们所有人的生活，但是它的巨大潜能却仍待开发。

行外人看设计，是美化。行内人看设计，是技巧。但设计的本质却是"谋事"——整合知识和资源的集成创新，是在合理、健康地解决人们衣食住行的问题，以不变应万变。

设计从来就是人类在不同时代、不同技术平台解决生存和发展的适应性的全局、系统性选择的智慧和能力。技术相对落后的时代，人类从未因此而堕落！而是不断地运用设计的智慧创造奇迹！历史上各民族创造的物质文明证明了这一点！难道没有互联网或3.0，人类就从来没有文明了？技术进步只是提供了更多的工具和被选择、被整合的条件而已！如果没有3.0，人类就万劫不复了吗？设计是唯独人类所具有的思维方式，包括技术进步也是人类设计思维方式的成果之一。工业设计是人类开始更系统地梳理人类设计思维方法的里程碑；更主动地、深入地运用人类整体文明去修正工业文明和技术思维的弊端，以创造人类社会能合理、更健康、更公平和人类可持续的生存方式。

设计的历史与人类的历史是一样久远的。工业革命以来，人类设计的能力有了质的飞跃。今天，人们无时无刻不置身于人为事物的环境之中。设计已不仅是科学和技术的结果，而且也是人们在一定时期内的生存目的、生存环境、生存行为与生存条件的协调关系，即被称为"文化"。设计是人类生活方式的一种表达方式，是阶段性、地域性的信息载体。

设计是一种创造性的活动，其目的是为物品、过程、服务以及它们在整个生命周期中构成的系统建立起多方面的品质。因此，设计既是创新技术人性化的重要因素，也是经济文化交流的关键因素。

设计一直是作为生产关系，一直在发挥着催化、引导、调整人类与自然、人类的社会关系的巨大作用，推动着人类社会的经济、科技、文化、教育的"整合与集成创新"！

设计科学可转化为对"目标系统的确定"与"重组解决问题的办法"这样两个侧面，可进一步化约为："目的一手段"。

设计绝对是引领，因为设计最根本的一条是发现问题，解决问题。设计是实实在在解决问题，一个国家成熟不成熟就看你对设计理解不理解。

设计是人类第三种智慧系统，其组成的子系统或要素含有科学和艺术。设计是人类为主动适应生存环境等外因系统从而进化形成的一个新知识结构系统，是人类重组生存结构的智慧性创造。

我坚信：设计应是人类未来不被毁灭，除科学和艺术之外的第三种智慧和能力。

我们一直是抵制"产品设计"的。因为把物当作设计目标的话，你不可能激发创造力，而工业设计不是工作对象的分类，是设计方法的分类，是横向的学科。像染织、陶瓷、建筑等都是纵向分类，唯独工业设计是横向的。这是工业设计最大的特点。

设计一旦被囿于一种"物"的设计的话，就已经被这个物的概念和现象束缚了设计师的创造力。设计应被认为是一种人类自身生存发展的"本体论""认识论"和"方法论"。而工业设计则是工业时代认识"人为事物"的方法，自然是对工业革命以来一切人为事物的一种反馈，这包括该肯定的要肯定，该否定的要否定，这种积极的"正反馈"机制正是设计学的核心。这正是工业设计能将"限制""矛盾"协调转化为"优势"的原因，也正是工业设计有别于仅从"美术"或从"技术"片面地就事论事的偏执倾向的本质之所在，这样设计就能从人类生存方式中的"物"、技术、经济体制、社会结构存在的问题—"事"的解决中，在"限制"下形成"差别"、进步—创造"新物种"、创新"产业链"，乃至实现真正意义上的人类可持续发展的生存方式创新。

我从 20 世纪 80 年代初就强调过：设计不仅是一种技术，还是一种文化。即使当时被误会，我仍然由此引申出设计是一种创造行为，是创造一种更为合理的生存（使用）方式。这个提法似乎有点抽象，不像搞技术的专家所希望的那样具体，例如某某产品设计，某某造型设计。比如杯子的设计，似乎很具体，但"杯子"已将设计师的头脑囿于这个"名相"之中，再有创造力的人也只能搞出仅是大小不同、材质不同、有装饰无装饰之分的杯子。如从"创造一种更合理的饮水方式"去设计的话，就可以从不同人对饮水的需求或同一人在不同环境、场合、条件、时间饮水的需求进行实事求是的科学分析，这样设计出来的"杯子"就不仅是杯子，可能有纸杯、易拉罐器皿、旅行水壶、吸管……这样设计师的创造力就不会被束缚，同时又是科学的、实事求是的，也不会是异想天开的。

在这种观念主导下的设计，是区别于技术和艺术这两大类学科的。只有这样，设计才有需求，才能形成相对独立的一门学科—设计学。在这个前提下，人们就应寻找、探索这个设计学的理论、原理、方法、基础……

"单调"不是我们追求的，标准化更不是我们的设计目的。而"标准"只是我们描写美好生活的一首诗中的词。没有词，描写不了任何东西，没有含义准确的词，写出的文章让人看不明白主题。然而光有词，也写不出文章，还必须有章法、语法。创造标准的目的是为了去组合。在我们谈标准时，肯定人们会想到标准化太单调了，会激烈地反对它，但当我们掌握了创造标准的技巧以及组合标准的艺术之后，情况就大不一样了。标准化的因子在诗人、作家、建筑家、音乐家以及工业设计者手中成了丰富多彩、形形色色的大千世界。一首诗，一件作品应当是丰富的，但它是可以由普普通通的字、词或砖瓦来组成。标准化不削减人们对物的不标准的要求，赋予我们的任务是设计、选择、组合"标准"的自由和义务。每一个工业设计者必须根据生活、生产活动的需要，抓住形式后面最活跃的火花，点燃我们艺术创作的灵感，创造出丰富多彩的工业设计作品来。我们曾听说过苏联某电影导演得到一批法西斯分子颂扬希特勒的电影胶片，但经过他重新选择、组合、编排后，那些颂扬法西斯的镜头却是揭露了法西斯的罪恶。这就是组合的力量，组合的艺术。同样用石料，在古希腊人手里与古埃及人手里却产生了截然不同风格的建筑艺术，这也是组合的奇迹！试想一下，把古埃及阿蒙神庙的莲花、纸草柱的柱距增大（这是石料结构不能许可的），那么那种神秘、压抑的气氛马上会消失；或者将多立克柱子像阿蒙神庙那么排列成柱庭，那么古希腊文化那明朗、典雅、朝气蓬勃的艺术魅力也能消失殆尽。前人为我们做出了无数的榜样，这都是我们研究、学习组合艺术的最好课本。它也是我们学习设计的范本。

我们谈灯具标准化、组合化，绝不是排除了人们对多样化的要求。我强调的是靠设计人员的艺术劳动去概括、去组合、去找人们选择的自由。我们应当使想象力与理性融合成一体，这对于工业设计者来说尤为重要。因为我们创作的产品应是适用的，能够符合大生产要求的，是经济的，也是要符合人们审美要求的。一件产品在它被人们生产和使用过程中是否也产生了美，决定了这个产品是否具有艺术价值，而绝不仅仅在于外形给人悦目享受，这就是工业设计的意义所在。简单地认为标准化会制约或排斥人们对美的追求是肤浅的看法，问题的关键是如何处理好产生美的素质一即产品的内在因素关系。狄德罗说过："美与关系俱生、俱变、俱减。"这说到了问题的实质。我说的"关系"，在我们工业设计范畴中就是组合的艺术—统一与变化、条理与反复的法则。处理好了这种关系，就能使简单变得丰富，使平凡变得高尚。相反，再美、再丰富的东西处得不好，就会变得繁琐、庸俗、丑陋，令人生厌。美不是靠堆砌，不是靠金钱去创造，它是靠才华创造的。艺术本身没有多与少之分，不会因为它是由丰富而贵重的素材组成而成功，也不会因为它是由简单或平凡的素材构成就失败。美是感觉范畴的，是人的心理状态，不是简单的 2+2 = 4 这个公式能解。

我们的价值体系应该有自己的标杆。那些看似新鲜有趣的设计固然好看，但不解决问题。不能这么引导。我们需要的是"各取所需""各得其位"，这才是真正的多元化。如果我们只认为精英的东西才是文化艺术，这恰恰是不对的，恰恰就是一元化，是假多元化。为民众设计，这正是我们的设计需要思考和探讨的。

我的梦想是工业设计能够真正成为一门独立的学科，不是科学，也不是艺术。人类的未来是靠设计不是科学和艺术。因为人类最早应用的是设计而不是科学和艺术。而独立成为一门学科却是最晚的。

设计不应深陷于科学和艺术之争，设计有她自身的内涵和外延，设计是发现、分析、判断和解决人类生存发展中的问题。

实际上就是我们学术界对设计本身引入了以后，一直处于一个非常含混的状态，就好像大家都说设计是科学与艺术的结合。这好像是对的，包括李政道也说，设计就像一个铜板，一面是科学，一面是艺术。那么设计是什么？没了。你要说设计是科学与艺术的结合，好像对。但实际上设计就没有位置了，科学那么强大，有那么多积淀，艺术又一直那么耀眼，设计就成为一句空话，边缘化了，漂浮化了，没有了。所以大家就会说，科学加艺术，工程师加美术家就是设计。根本不是那么回事儿。人类最早的智慧和冲动，最早的创造行为是设计，那时虽然没有设计这个词儿，就是解决问题嘛。设计最早是为了解决问题，而科学只是把一些问题的原理弄清楚，其并没有做事，而做事需要设计。经常说技术是提参数的事，设计是完成的。正相反，在中国的工程技术界，从设计角度去开发产品，叫逆向工程。荒唐啊！怎么会是逆向工程呢？恰恰设计应该是正向工程，设计研究人的需求以后，提出要求以后，给技术出题目，由技术去完成这个参数。现在反过来叫逆向工程，因为中国所谓的设计也好技术也好，都是先从产品和技术引进的。引进国外的已经做完的设计以后，我们只是照着加工照着做，所以造成第一个数据来源是技术提出的误会，因为他拆了，测绘了，仿制了，数据掌握在他手里，但为什么有这个数据他并不清楚。在国外，产品其实已经包含了制成产品之前需求研究和引导技术发展方向的设计研究。

艺术，它已经开始在蜕变，在扩延。就像我最早在《共生美学观》一文中谈到的，经常说画画就是要画像，画得像才叫画，这是再现美学观，绘画被当作一个直线反馈的传达信息的工具，这是一个传统的理念。可是到了分析美学观就不一样了，就是所谓的印象派、抽象派这些，已经不是要追求像不像。音乐有什么像？有些中国的音乐停留在一个非常幼稚的阶段，吹笛子吹出鸟叫来，拉二胡拉出马的嘶鸣来，这实际上是一种最初级的艺术表现观。到了表现主义跟分析美学观的时候，就不是追求表面的像而是内在的像。就像科学的发展，算数，一棵树加二棵树等于三棵树，但是数学就要抽象，一加一等于二，没有具体的承载物。科学也不是那么直观了，到了高等数学、到了相对论，大家根本不能理解，但是那是科学的真理。哪怕是米开朗琪罗的《大卫》，你看我看，你有文化修养，我是个老农民，看了最后都是一个棒小伙子，你认为他有很多深沉的东西，但是我看给我干活儿绝对很棒。这基本上是一条直线，没有什么回路的，没有什么岔道的，顶多是深浅的差别，领域不可能被跨越。但是分析美学观就进步了。我画你不是画你的形而是画你的精神，仅仅从你的形态规律变成圆形方形三角形，或者用你的线条表现你的动作，用色彩表现你的性格，这就叫抽象主义。抽象主义应该是艺术观、美学观的进步，不再是直白的而是间接的表述，开始思考。现在，我们看到的装置艺术，在心目中完成一件作品，这更高明。一张画你看了以后像朵云，他看了像棵树，更关注在观者内心中完成这作品，这恰恰启发人想象力。艺术也是这个规律，艺术到现在的确在跨界，在扩延，而中国的艺术基本上停留在"像不像"上，所以出现了一些荒谬的技巧，你拿毛笔写字我拿指甲写字，你拿指甲写字我拿拖把写字，咱们的徐文长就拿屁股画南瓜。这个东西就成了玩弄技巧了，没有思想了。你在枣核上刻一景，我在芝麻粒儿上刻毛主席诗词，他在头发断面上刻一个什么东西，这就走到极端了，纯粹是技巧了，百无聊赖，奇技淫巧，没有什么意义。可以存在，但绝对不是真正的方向。

艺术作品放在一个公共环境它就不再是一个"好看"的概念，它是一个社会的合理性。而放在美术馆里面，就只是要欣赏的，而放在环境里，则要关注参与特定时代、特定环境的目的、环境中人的行为，以及作品与环境之"物境"，与特定的时代、特定的环境、特定的理念一起构成一个整体的"情境"，来影响、引导人们的动作、行为的改变，使其沉淀成为意义和价值，升华为"意境"。设计一种健康合理的生活方式，设计的情境就是要组合生活的物境，才能塑造生活艺术的意境。所以一体化的设计是未来设计的立足之本，否则设计就会沦为金钱和权力的附庸。

意境源于人的反馈，如他们认为使用该产品产生的身份感、价值和得体之感，或者能与产品产生共鸣。而好的设计则是要符合人的情境，然后才创造意境。三部曲：设计情境—组织物境—创造意境。

在设计情境中，体验是一个必不可少的环节，只有深入地了解用户的操作流程、他们操作过程中的问题，才能找到设计切入点，而不是做表面的、蜻蜓点水式的设计。对于美的评判，是个人从他的经历和看法中总结出来的，这就是审美。因人而异。农民和白领的审美评判肯定是不同的，所以设计调研的定位很重要。给谁设计，在什么环境下使用应该要搞清楚。在不同情境下的表达应该得体。

适宜的场所是设计成功不可或缺的部分。成功的设计就是让使用者和环境达到平衡，在特定的情境下创造出特定的意境。

不是客户要的东西就是对的。客户可以随意说喜欢绿色或是红色，但设计师要通过具体的分析调研才能有结论，要从他们的回答中分析出问题的实质，才能设计出符合情境的产品。

2010年7月，中华人民共和国工业和信息化部、财政部等11个部委联合出台了《关于中国发展工业设计的若干指导意见》，这是我们工业设计协会经过将近五年的努力才出台的，是非常难的，要改变观念，改变原来认为设计就是一个造型，就是一个美化的观念。通过协会的努力，发改委与工信部开始关注工业设计的定义和对国民经济的作用。我们认为设计是一个跟国民经济转型极其有关的，在工信部管辖的企业里面，必须要重视新产品的开发，设计创新必须要和技术创新成为一对翅膀，企业才能转型成功。这份文件的出台很重要，来之不易。画家、艺术家们对设计的理解容易偏颇，设计不能仅认为是第二生产力，是不能简单地通过美术，也就是提倡"眼球经济""美学经济"能使中国的经济转型的。国内不乏一些著名教授提倡"美学经济"，这个说法是极片面的，"大审美经济"的提法是很荒唐的。所谓的"大美学经济"，在城市里面搞了很多雕塑，很多装置，大多是"架上"的艺术品摆在公共环境里面。针对眼球和政策倾向，只会误导消费理念，追求时尚和奢侈，误国误民，还杜撰了很多新名词，助长"消费黑洞"，浪费资源、腐蚀伦理道德。我们设计师忽略了这个问题，都是为了眼前的东西。都说大美学经济、眼球经济，根本不思考这些问题光是为了 GDP。我搞一个外观，搞一个炫的，搞一个酷的，就能挣钱，那是在引导错误的消费理念。

美国人 20 世纪 30 年代搞"有计划废止"，我们当时批判过。但跟现在我们的"以旧换新"一模一样，历史惊人地相似。

现在很多城市的雕塑应该是把人放进去，不是要观赏，而是要进去，要交互，要互动，不再是一个所谓的原来认为是一个完整的囫囵个儿，而是散落的，因为人在里边要休闲要散步要谈话，把人的行为组织进去实际上是社会的进步，不再是一个景观了，景观只是看的。而现在讲究交互，讲究你和他在一起才能完成它的功能。

我经常打个比方，地铁站里面一张壁画写中国科学的春天，把中国的科技发展史弄了一遍，好像是很好，放在美术馆是一个非常好的作品，它有教育意义。但是放在地铁车站里就完了，如果真的托儿所、幼儿园的阿姨带着学生在这里进行爱国主义教育，那就堵塞交通了。

我要的形式恰恰不能是一种装饰或美化，而只是一个标识、语言。我在车厢里一看这块颜色，我到了，我不要去看什么复兴门站。地铁的功能就是尽快让人赶紧出去，下来的人赶紧上车，尽快地疏散，让你尽快地辨认你所要去的方向，赶紧走，让你通畅，而不是让你停留在那里欣赏。这和希腊罗马的地铁不一样，那在发掘时就有很多墓葬，原地保护，地铁站里面柜子里就有很多干尸、墓葬、壁画。这只是一个标识作用，说明这个站上面有文化有古迹，只是提示你，并不是让你在那里欣赏，欣赏还得去美术馆，到博物馆，或者指示到其他的遗址，才能看到它的精神、原貌。这些观念还都没有调整过来，还是站在一个文人的角度去看东西，这是很遗憾的，也不能怪他，他的知识结构没有转换过来，没跟上时代。咱们都愿意造些时髦的词儿，其实，设计如果没有创新，还叫设计吗？叫创新设计，这就说明我们中国的设计没有创新，所以还要强调创新。包括现在很多提的口号，本来就没有理解设计的原意，为了强调自己对这方面的重视，加上很多词，什么人性化设计，你设计不能人性化，你还能干什么？设计要创新，不创新还叫设计吗？设计本身就要有新东西，要朝着未来的方向发展，永远是要做未来式和虚拟式的东西。

现在深圳有一批搞平面设计的，应该说他们的专业水平不错的，很好，但是他们纯粹是在玩设计，搞的一些东西晦涩难懂，就等于古代文人的以文会友，我们之间交流别人听不懂，我拿草书交流，就那几个人能看懂。那实际上是一种异化的现象。艺术应该回归人民，回归大众。20世纪70年代的法国蓬皮杜文化中心，当时在建设的时候大家都反对，但是法国政府坚持了，其理念绝对没错，要把艺术还给人民，绝对不能仅仅搞卢浮宫了，要搞人民大众都能进去的能够享受文化成果的东西。最后证明设计的理念是对的，这一类的建筑中，"蓬皮杜"的利用率是全世界最高的。因为它的设计把所有的管道等放在外头，里面是一个绝对的自由空间，一个钟头可以隔断，一天之内整个楼层可以打通，它换来一个内部的自由。外部感觉很很丑怪，而这个怪不是追求新、满足眼球，是要解决实际的社会问题。所以说它是有思想的建筑。

巴黎的埃菲尔铁塔，最早大家都反对，怪物啊，相当于文艺复兴时候的四五十层房子高的钢铁塔。最后埃菲尔铁塔成为巴黎的文化象征了，而且巴黎很骄傲，我们法兰西民族能容纳各种文化。包括蓬皮杜文化艺术中心、贝聿铭设计的卢浮宫前的"玻璃金字塔"现在也成了法国人的骄傲，我们容纳这么多文化，我们的胸怀多么大。我们不能有狭隘的民族主义啊，我们经济现在强了，我们文化要强，我们正需要容纳，再去消化，不要简单地否定，抱残守缺，抱着中国的斗拱，称那才是我们中国的建筑文化，这非常狭隘。要强盛的话，必须要容纳，容纳、消化以后成为自己沉淀下来的东西才是中国真正的东西。不要简单地排外，不要简单地抱着中国传统的东西。新的东西不能发展，没有新的生命力肯定要死亡的。传统的东西肯定被保护的，文化遗产保护，需不需要？需要，那可以放进博物馆里，但是它绝对不能成为社会的主流。

国家提倡非遗保护，马上就能出新东西，很快就能投进去，作为旅游点，把钱收过来。这些都异化掉了。管理阶层、政府都应该非常清醒，可以抓，但是放在一个什么位置来抓？不然它就会被这些追名逐利的人利用，把社会的导向做错了。

所以我们对文化创意，对文化的概念，绝对不等于说祖

Industrial Design
Thoughts in China
—
Concept
—
018

宗的就是文化。刚改革开放的时候，说深圳没有文化，是文化的沙漠。不能这么看，深圳的文化跟传统大城市的文化是不一样的。不能说传统的文化就高，现在的文化就低，不能说汉族的文化就高，藏族的文化就低，要这么看的话就是文化沙文主义，社会就不能进步了。传统的封建帝王文化那是最厉害的吗，而我们现在的电视剧电影里面充斥着这些，清宫戏，《还珠格格》，《红楼梦》。现在的年轻人学的什么榜样？大家都想当格格、阿哥，那不可能啊，这个时代变了，历史的车轮是无情的，我们要跟上时代，不然就会被甩掉。外国人经常说，你们中国历史有文化，现在你们没有文化，那就要思考，为什么我们现在没有文化？

实际上，我们中国传下来的设计其实大部分已经是寓意化了的，其实就是中国古代关于皇宫、皇权的设计太多了。为什么都是给帝王将相的？因为最好的都是为他们做的，并且留了下来。老百姓的、民间的东西大部分都散失掉了。而大家也不关注那些民间的东西。帝王将相的东西耀眼，能刺激眼球，所以大家都来关注。这些东西能满足人的欲望，并不是为了满足需求而出现的。为什么我们认为民间的东西淳朴？因为它是用来解决问题的。

咱们现在总把包豪斯当作一种风格，包豪斯一再声明包豪斯不是一个风格，包豪斯产生的背景跟包豪斯所产生的行为是紧密相关的。为什么产生包豪斯？它是在背景中产生的，所以我们现在往往说功能主义过时了，包豪斯也过时了。这是很荒谬的。包豪斯从来没有说我是一个一万年一亿年都必须遵循我的风格的，它只是一种思想，它是针对当时王公贵族们和代表这种习惯理念—为少数人才能享用艺术的文人极度不满大生产产品的粗糙，而代之以顺应大生产的大批量，使大多数人得到生活必需品的工业设计理念，即在某种程度上"把艺术还给人民"的、对传统艺术的反动！转变英国的手工艺运动方向，必须为大众服务，必须要跟工业革命带来新的生产方式吻合才能符合历史发展的方向。从这个角度思考，真正人文主义的东西，不是少数人的所谓"人文主义"，而恰恰是要给大众的"人文主义"！我们一些人对包豪斯的解读往往走偏了，只从现象看，没有从真正的人文主义，即人类进步的角度去解读，好像很专业，其实很匠气。

包豪斯最根本的一个组织基础就是我说的"土壤"基础，包豪斯为什么不在英国，英国是工业革命的始祖啊，为什么在德国？德国当时是落后的，当时德国制造是耻辱的标志。刚开始的时候英国虽然工业革命了，虽然大生产已经实现了，但是其脑子里基本上还是封建狭窄的意思，你看纺织工人协会，行业协会，英国的协会特别多，这就造成什么结果呢？当时工业革命，英国的纺织工人协会、行业协会、工会组织工人罢工，砸碎机器。这是很愚蠢的。按理说，工人阶级应该是先锋队，他恰恰没有看明白，去砸机器。本质根本不在机器，而在于大生产方式，这给社会带来的最大作用是什么？让大众享用社会的财富。为什么叫莫里斯是工业设计之父？说明他不是工业设计，他的儿子是工业设计，他恰恰反对他儿子大工业生产。英国的手工艺作坊，必须把一个产品很完美地表现出来，那最后还是少数人享用，老百姓还是买不起。工业革命最大的特点就是大批量地生产便宜的东西，每个人基本上都能享用，这是工业革命一个最大的本质。这个本质穆特修斯看到了。德国人派到英国去学习的不仅仅是专家、学者，而是一个组织者。站在组织者的角度去看待英国的工业革命，他看到了端倪，回国来组织为德国寻找出路，大辩了两年，到底德国走哪条路？在辩论当中大家逐渐明确，我们德国不能跟着英国手工运动，必须跟着欧洲大陆新工业运动去走，必须要遵循大生产的规律，在这里面去创造新的思想，新的文化要产生，不能仅仅是传统的帝王将相的文化。参加者有官员，有银行家，有企业家、管理者，也有工程师、技师，甚是还有技术工人，还有建筑师、艺术家，组成了一个各种知识结构、各种社会力量的团队，实际上无形当中打造了一个设计产生的土壤，就是综合的、跨界的、结构的系统，所以符合了社会发展的科学的、工业化社会规律。

所以，工业设计最大的特点是什么？是跨界，是综合，是边缘的。这意味着什么？很难合啊。你说你有理，我说我有理，他说他有理，工业设计最大的特点是什么？由于分工、工种、工序不一样，各说各的理不行，工业设计最大的本质是协调关系，在协调关系中往前走，让大家共赢。这个本质大家没学，没有理解，工业设计史的学者们讲工业史讲得再细，但没有总结出这个规律来。

所以，包豪斯只能在德国产生。

当时的欧洲学术主流是反对工业设计的，认为大生产是违背人性的。最后经过两年的大辩论，当时落后的德国反倒认为必须走工业化大生产的道路，这是时代发展的潮流，谁也挡不住。德意志制造同盟的建立奠定了工业设计的思想基础和组织基础，才有后来的工业设计的里程碑—"包豪斯"。

工业设计这门学科的诞生与兴起，是造物史上第一次主动将人的需要与产品的使用方式、材料、结构、工艺技术以及流通方式，从自发的手工艺的追求材料质地与意匠、技巧的协调而总结出来的因地制宜、因材制用的经验上升到自觉的职业理论高度上来了。它从一开始就坚决反对外表地、孤立地谈论材料美、色彩美、工艺美、技术美、形式美、装饰美和风格美，它不仅反对装饰上的"洛可可"，也鄙弃包装上的豪华和技术"洛可可"的新倾向。工业设计思想指导的设计活动旨在影响、制约人们的行为方式而不是去创造刺激人们生理感官的新颖和变化。设计必须也必然成为自觉地创造一种合理的使用方式。

在人类的交流和信息的传达过程中，仅靠语言、文字、图形还不能完整地、充分地表达日趋复杂、深沉的意愿和情感。科技的进步使社会行为更有序、更系统，必然使人们掌握、运用更多的媒介来组织形态、空间、环境，这就是技术、材料的组织和设计。这种思考、行为、方法和计划、组织就是"设计"的工作范畴。当设计成为有理论、有规律、有方法的行为时，被传达的信息和目的就更集中、更有序、更耐人寻味，并且更具有理想和道德。这样，在一定的时间点和时间域的空间范围中所营造出来的表现力和表现势就会成体系，有个性。

设计的实践养育和滋润了人类社会，曾表达了人类多如繁星的情感意象，与其说设计语言的极限就是世界的极限，还不如说求知和探索的极限才是世界的极限，因为自然科学或社会科学归根到底也是人类求知的一种阶段，是人的领悟同大自然和社会对话的过程，人提问，大自然和社会回答。在物质的世界里，人的生命如流星瞬逝，匆忙而淡泊。个体生命的几十年，人人都在寻找心灵共振的磁场，都渴望在心灵的完善中追寻无穷无尽的精神向往，所以人类才会不断地学习和探索。我们需要学习，要以探索未知过程中的情感来引导自己的发展。人类的生命历程告诉我们，如果没有探索求知的意识，没有变革创新的设计，这个世界便没有任何价值。

所有的文化，所有的观念都将汇集到流水线的呼啸之中，每时每刻都在创造着一个新的世界，无论我们创造什么样的世界，我们都应记住这个世界的法则是完美的，这个世界的物理关系是和谐的。完美的功能必然是完美的造型，那些生存了几亿年的生物时刻提醒着我们。

人类使用了普罗米修斯偷来的天火，也偷了上帝的禁果。那条蛇还将告诉人们什么，究竟有什么样的未来，我们也许不知道。我们所知道的，那就是人类将无所畏惧，勇敢地面对前面的太阳，而不是身后的阴影。

"宇宙"意为人类的时空观念。宇—空间，宙—时间。在古代中国，时间属天，空间属地，时间观更重于空间观。中国文化肇始之初，就有两种趋势相辅相成—归于自然之道和"观乎人文，以化成天下"。这里的自然及其道已是人文化了的，而人文则又是来自"观象于天，观法于地"。因此中国文化之传统精髓实质从一开始就具有强烈的自然性和社会性的互补共生。所谓的"观天法地"就是认为天地自然之道就是人类社会之序。这种朴素、简洁的"天人观"哲学思想符合自然与人的整体关系，然而落后的生产力和生产关系在封建统治秩序和帝王思想的主观意愿的片面夸张下，使几千年的中国文化进程堕入了泥淖之中不能自拔。中国的时间观是强烈地人文化了的，中国的文化艺术实质上意味着一种富有特点的时间品味方式。中国人的感受完全协调于变化着的自然状态：李枝、竹节、冬眠、春种、夏锄、秋实……这些都是将人类的生产和文化的空间活动被动地与节气、时机束缚在一起的例子。

近代西方的科学和哲学将时间和空间隔开了。欧氏几何、牛顿力学将空间与时间的关系绝对化了。然而信息时代的来临，高科技拓宽了人类的宏观与微观视野。古代中国先哲所发现的观念被爱因斯坦的广义相对论第一次科学地证明了它的客观性。时间和空间是互补共生着的一对矛盾，民族文化的强弱盛衰不取决于其原有文化空间的占有，而主要取决于其对文明竞争契机的把握。在这个意义上说，谁抓住了时间，谁就将占有空间。

中国
工业设计
断想
-
观念
-
025

Industrial Design
Thoughts in China

—

Education

—

026

教育——

Industrial Design
Thoughts in China
—
Education
—
028

中国的未来怎么办？人才培养最重要。培养什么样的人才？在学校里面教什么？是教知识还是教技巧呢？还是教"权威"的东西？是教时尚的东西？还是教最基础的科学的观念和思维方法？对基础的认识又会有争论，什么叫基础？过去的基础就是基本功，基本功好像是"曲不离口，拳不离手"。不够的！那只是表达基础的形式而已。对基础的认识，是由目标而言的。

基础的含义在变，这样在目标需求的比较中思考，就发现：除了目标系统变化外，最起决定性因素的是外因发生了变化，当然对基础的要求就不一样。知识经济时代对人才的需求，对基础的要求已不同以往了，我们必须清醒地认识到这一点，仅靠技巧、技术是不成的，而需人文科学的基础和方法，以使技术人才会去关心、研究有关社会、环境、文化乃至人的知识，这正是过去科技人才最欠缺的领域。

会写一手好毛笔字、会电脑、会做计算，那不叫基础，那仅仅是基础的一小部分，而更重要的是组织知识的能力，那就是要学会掌握科学的方法为明确的目标系统去服务的能力基础。而这个方法就是系统方法论——"事理科学"。

工业设计这些年基本上培养的是专业的白领打工仔。早十来年我跟汽车系的老师交流，汽车系的专业带头人、学术负责人非常骄傲地说，我们清华汽车系培养出的技术人员在美国三大汽车公司当中占的比例有多少多少，很自豪。我当时就回了一句：汽车系已经在清华67年历史了，你 67 年怎么没造出一辆中国车来，我们教出来的学生都哪儿去了？中国人是聪明，但是我们只能在别人的平台上打工，为什么？

10 年前，我在教学实践中发现西方的教育理念，即功能与形式，并不适合中国，因为中国不是一个工业化国家，工业革命未在中国发生，而中国人将功能与形式分开，认为功能是搞技术的，形式是搞艺术的，中国的工业是引进国外的现成产品、流水线、设备，乃至模具全搬进来，然后生产。其实这不是工业体系的全部，而只是加工业。中国企业对工业的不完全理解，造成对设计的理解只停留在外观促销的阶段。因此中国的设计业迎合企业的胃口，只注重搞外观，成为产品形式的供应商。所谓民族化、工业化、地域化或时尚化等问题的讨论曾着实热闹了一阵，这很无聊，我们只是在西方人的基础上做些花头。设计师不能将功能与形式分开，他们应从生活、需求和问题着手。我们现在只是把产品的外壳做得时尚、卡通、人性一点，这只是小招数，是手段，不是目的、结果。国外的设计在中国引发极大的误会，许多工科院校强调他们的技术优势，但他们未明白设计到底是为什么？反倒把他们的优势放弃，拜倒在美术和外观的光环下。中国目前的设计现状并不像有些人那样踌躇满志，应清醒地看到当今的设计倾向成了浮华、污染视觉和腐化中国下一代人的审美观的"酒精"。

我国工业设计的落后，迫使我们必须先从认识上抓住"设计的目的、目标是什么"这个问题，然后才能知道如何培养学生具备良好的设计心理素质，使学生懂得仅靠技术纯熟是不能使设计走向成功的。我们的研究方向就是把设计当作一门科学来认识、来实践，而不是仅靠经验去行事，这就要求我们系统地研究设计目的与人类行为在不同人、不同环境、不同条件下的互补关系，进一步理解技术、工艺、原理、形态、生产方式是可以被选择的，是可以重新组合的这一新观念。这一新观念为工业设计走我国自己的道路提供了一个科学的、实事求是的、可行的路标，它将对我国的经济发展起到革命性的促进作用。它将引导企业产品结构的调整，逐步创建新工业门类和新的产业结构，影响人们的健康消费及生活方式的合理转化，并形成新的习俗、文化、道德。

有些人甚至还未认识到工业设计的目标、体系，仅仅在技巧上打转转。在国际上，虽然他们的商品环境、市场机制乃至技术具有优势，似乎只要放手将学生置于这个大环境中就能熏陶出合格的设计人才，其实这正掩盖了他们在设计教育中存在的问题。他们的做法是不可能被简单引入我国的。正因为我们认识到系统论这种思维方法，所以我们的教学体系曾受到许多国外设计界权威人士的赞扬，他们对我们的教学特色和成果十分惊叹，我系的学科带头人曾多次被邀请到国外设计院校或最高国际设计讲坛讲演，就证明了这一点。

工业设计学的研究方向是以系统论为主导，强调方法论的研究，不仅是从专业知识和设计技巧方面来培养学生，更重要的是抓思维方法的训练。不是把某一个工作对象作为学科或专门化的分类依据，而是引导学生创造性地由表及里、由此及彼、实事求是、举一反三地认识问题、归纳问题、解决问题。

由于工业设计学成为设计教育中的指导观念，它将促使目前按材料、工艺或以产品种类或工作对象分类的教育设置向更富有挑战、更能发挥人们创造性的新专业设置转化。如：公共设计、信息媒介设计、都市或区域文化设计、交通方式设计、旅游文化设计、文化产品设计等，这将更有利于传统文化与现代文化创造的研究和实践。

工业设计着重培养学生认识问题、发现问题、判断问题、限定问题、解决问题的能力以及综合评价、组织计划的能力，强调在系统理论指导下，将矛盾、问题建立目标体系，并充分利用现有的条件，将限制当作机会，创造性地提出系统、综合性地解决目标体系中错综复杂的问题。

教学并非仅仅为了传授设计的常识和制作的技能，而是在课程中建构一个能引发同学们积极思维的实践气氛环境，为学生架设一个知识再生的新结构，有效地培养和训练学生，使他们在今后的设计实践中能表现出较强的分析能力、发现问题的能力、动手能力、解决难点的能力和设计创造的持续发展的能力。

把专业教学与社会现实紧密相连，课题不是来自异想天开的想当然，而是面向实际，练就发现问题和解决问题的自主学习能力，因此这里的设计教学不提倡盲目地追新求异，绝不以获奖、发论文、搞挣钱项目为教学质量评价标准。

教学，重在培养学生自我学习的能力，锻炼学生解决实际问题的能力。学生就要凭着兴趣、能力及团队合作，用一年的时间完成一个完整、全过程的作品设计和制作，从学习原理到亲手制作，老师不再单单是"教"，而更重要的是作为"教练"全盘规划、设想方向并带领"训练"，全部由学生自己完成。教学要求自己动脑，自己动手，老师只是辅助，一切要靠自己搞定。学生选定一课题，从各个角度如选题、科学原理、技术条件、功能、使用方式、废品处理、营销、各种报告、表达等一直研究到有完整的概念。

教育必须遵循先学做人再学技能的规律，奉行爱的信念，鄙视短见的名利，做人，踏踏实实做事，求真求实，尊重规律。教育学生们都要自觉、自信、自强，能以主人翁姿态从事学习坚持研究、勤奋动手劳作、维护团队热爱集体，学风得到良性循环。

时下，我们的教育往往过多注重专业，而忽略了学生基本人格、基本道德、基本情感的养成，以至于有些学生对生命、对世事愈来愈冷淡、冷漠甚至冷酷。我们要培养学生"面对一丛野菊花而怦然心动的情怀"。这种情怀就是在乎沙滩上每一条小鱼的生命的男孩儿所拥有的情怀。

教育的最终目的，不是传授已有的东西，而是要把人的创造力量诱导出来，将生命感、价值感唤醒。唤醒，才是一种教育的手段。在眼下的教育大环境下，喜欢发问且用质疑、批判的眼光看世界的人更显得弥足珍贵，批判性思维是一种创造性思维。

我们一直强调教育规律，教育方法，在方法引导下的知识传授就可以再生知识、补充知识、整合知识。强调方法要以某一课题作为载体，我们经常强调你会纸的设计，就应该会钢板、塑料板的设计，这是工业设计系教育的最大特点。

我们主张"知行合一"。认识是对知识的反馈，实践是对能力的评价；而我们设计的目的则不仅仅是要让学生和设计师将认识的道理转化为实践的能力，还要培养年轻设计师发掘知识、自主获取知识，甚至整合已知的知识，创造新知识的能力。这就是自主研究的能力，然后将研究、拓展的新知识应用于实践。没有"知"的"行"是漫无目的的，会误入歧途的，而"行"又可以催化、升华我们的"知"。在设计研究与实践之间的关系上，一般的观点认为研究提供知识，而实践使用知识。但这样的观点人为地拉大了两者之间的鸿沟。现实的情况表明，研究不仅仅提供知识，研究本身也是一种设计，在解决实际问题。

设计不是凭感觉，不是凭天才，不是凭凑巧，而是有一套程序方法。像管理一样有程序的合理性，才有结果的合理性。过去师傅带徒弟的方法，凭感觉，可能会出一两个优秀人才，但是大部分人悟不出来。设计程序就保障有时间去研究一个新事物，事物之间是有规律的，虽然表面功能不一样，但基本上有几点是不会变的。实际上这是一种研究当中的学习，学的是方法与能力而不是技巧。

有时候非专业出身、业余自学人才的设计、创意思路不一定比设计专业的博士、硕士差。当然不少同学认真苦读、再读设计专业的硕士，最后还考取博士等更高学历，为学更多的知识更好地为人民设计。但千万不能有信奉"学而优则仕"的心态，这类人并不是为了热爱的专业而读书，而是想着如果学得好、文凭高、职称高，才会有高就或当官的可能性。这个心态是相当可怕的心态。这是当下培养设计专业人才应该引起注意的一点。

我们跟清华合并以后，当时清华校长王大中说的一句话对我们的震动是很大的，他说：工艺美院是不错，很有影响，但是工艺美院绝对不要培养一个小生产作坊的作坊主。实际上他点到了一定的要害，就是工艺美院虽然有很多优势，但有一个问题，它基本上是像艺术家或者是匠人那样培养人才的。大学最大的一个特点是批量地培养合格人才，这一点是有所差别的。王大中说的这句话是非常有含义的，我们一定要培养这个专业这个领域当中的特殊优秀人才。清华美院出来的人将来在社会上站住脚以后，不能说开一个学术会议你是坐在台底下，起码要坐到第一排，最好坐到主席台上。清华要培养这样的人才，中国需要这样的人才，在国际上中国应该永远要想办法坐到主席台上，而不在底下做听众。中央工艺美院并入清华大学有很多不适应，有的不适应是属于清华大学的体制问题。现在一般的大学都有一个行政体制，有矛盾，融在一个新的文化氛围肯定有不适应，一下子就适应那就是怪事了。在这个过程当中有主观问题也有客观问题。客观问题就是清华行政化的管理，工科的管理很僵化，你有一个新想法要通过几层的请示报告，最后磨得你没有兴趣了。大学的领导都说得清楚，你们大胆地想，你们尽管按你们的思路去做，但是一落实，我要打报告给教务处，要给科研处，要给校办党办，那里的规矩又很死。他们说了，我们的规矩就是这样，我们也不能为你开先例啊，所以我们只能打报告把改革方案提到校长办公会，校长办公会千头万绪，你这个提案什么时候给你讨论？所以弄到最后大家没兴趣了。合并12年了，我们工艺美院过去的文化基本上被清华的文化同化了。应该看到这一点，有好处，我们自己规范化了很多，也开始促进了我们内部管理的条理化、秩序化，这又是必要的。但另一方面，我们自己的想象磨钝了，有了爹娘了，我就不用自己多想了，就是有一点儿等靠要的思想，不像过去工艺美院里面我自己想怎么干就怎么干，一个是有发展的余地，再一个就是靠自己有责任心，自己要担责任。而现在呢？反正有清华大学呢，我有一个靠山，对不对，反正大学做得好。带来了我们自己发展上的迟钝，思辨的感觉弱了，这又是事实。但是通过这几年大家也都感到了压力，就是清华美院在全国的影响问题，大家也在反思，不断地反馈。

清华大学是研究型的，但实际上我们的研究机制没建立起来。研究型到底怎么个研究法？院里开会的时候，也经常讲不能丢掉我们的表现能力，这是我们的优势。但如果必须转成研究型的话，我们老师的知识结构要大调整。

教学体系改革必须基于产业转型升级对人才的需求，学院要制定设计创新人才培养的目的与标准，才能助推企业突破发展瓶颈提升竞争力。作为广东工业设计培训学院应该与全国的设计教育一样必须将企业高端、原创项目设计研发引入到教学中的改革思路，即从重在课程讲授转到重原创研发的实践，体现项目研发与教学一体化的建设方向，即以实战项目贯穿教学全过程，围绕教学大纲，设置课程，根据项目研发的阶段进度，用什么学什么，即学即用。拓展学以致用、积极思维、动手制作的实践氛围；从独立单项的理论课程设置，向主导概念贯通的设计事理方法过渡；从满足知识掌握转到重应用创新方法，注重激发学生的创新应用，是保证我们教学改革健康建设发展的有效途径。

改造对设计作为一级学科脱离出"文学类"来是有好处的，作为一个一级学科你必须完善自己的学科体系，不能分别依附于科学或依附于艺术。自己没有体系怎么可能说服人家？所以设计学科作为一个教育部门或者科研部门，你必须要把设计学科落定。既然是个学科就要有完整的体系，不管我借用别人的元素，科学的也好，艺术的也好，我必须纳入我们自己成为一个人，这样我们"吃鸡不变鸡，吃狗不变狗"，我吃了科学不能变成科学、吃了艺术不能变成艺术，我必须吃了科学、吃了艺术变成自己的、并且不可拆分的自己的结构、系统。现在我们自己的学科没有形成体系，基础理论不清楚，基础支撑学科不清楚，自己组成的系统不清楚。

一个新生事物在社会发展的阶段当中它会出现很多不适应。一个新的东西，就像一个幼芽，它需要浇水，需要修枝。在整个过程当中，一个新的事物在社会中不断碰撞、磨合，既要适合社会，又要有新的发展的理念。它肯定要经过磕磕碰碰，也会走一些弯路，向一条路直走的目标，世界上没有这种事情，因为世界是充满矛盾的。如果我提一个思想，我可以一条直线走到头的话，这个思想绝对没有新东西。社会的机制都能容忍你，那么你绝对不会是新的。你有新东西，肯定就会遇到不适应，遇到矛盾，这是一个必然的规律。就像我们看蚂蚁，总是弯弯曲曲地走，但是如果真是要站在蚂蚁的角度看，它前面的一个小土坷垃是一座大山，它不可能翻山，它要绕，就像我们修公路一样，要盘山。也就是说，人类从来就是在摇摆，但是方向不迷失就行了；我摇摆不怕，我要往前走。工艺美院的工业设计也好，清华美院的工业设计也好，实际上就符合这个规律，它不可能一帆风顺，一条直线，它遇到一种思路的不同，或者遇到体制上的不适应，那么它会摇摆，但是我们应该看到这个方向，还是要力争清华美院包括工业设计要走在这个专业的前列。

因为要真培养成未来需要的那类人，社会却不见得要你，所以说这个"土壤"决定了这个"种子"只能是一个改良的，真正有抱负的人才。企业不要你，他在社会上生存不了，他只得改。我是一个设计公司，都是接单式的，三个月两个月甚至于两个星期完成，不可能研究，不可能深入，那么只能做表面的功夫，所以造成设计人员要在公司里存活就必须会干这种萝卜快了不洗泥的活。那么在这种环境里，被培养这种人才，不可能上到另一个层次，永远在做应付的事情，所以这就发现了这个"土壤"的问题。现在我正在致力这个领域的思考和探索，抓原型创新的同时，设计机制如果不行的话，你这个原型创新就没有存活的余地，所以我们去年成立一个"设计战略与原型创新研究所"，等于在做这两个极端中间的融合工作。

现在回想潘昌侯先生讲的专业课，我得到的是最基础的东西：怎么去做事情、怎么去思考问题。这样你的技巧才能发挥作用。我们经常被别人整合，来参观的、办展的络绎不绝，我们在为社会默默地作贡献。来的外宾很多，迎来送往，国外有个项目我们和他们合作，我们感觉很荣耀。实际上我们的知识和教学资源被他整合了，都是为他们的课题服务，真正我们提出课题去整合别人的没有。这就是组织能力和超前能力的缺失。中国现在市场这么大，有机会，但没人思考这类题目，思考以后，也没有这样的经济实力，各方面的制度又跟不上。和我们国家的工业引进一样，没有自主的东西，这个时间不能太长。就像制造业一样，别人用的是我们的廉价劳动力，知识界现在也是这样，被别人整合，为别人的成果服务。咱们学院现在最关键的问题就是整合力量。

重温德国 200 年前的教育宣言：教育的目的不是培养人们适应传统世界，不是着眼于实用性知识和技能，而是要去唤醒学生的力量，培养他们自我学习的主动性，抽象的归纳能力和理解力。以便使他们在目前无法预料的种种未来局势中，自我做出有意义的选择。教育是以人为最高目的，接受教育是人的最高价值的体现。教育的最终目的不是传授已有的东西，而是要把人的创造力量诱导出来。将生命感、价值感唤醒。唤醒，才是教育目的。

德国工业设计教育的人才培养分成职业教育、高等专业教育、综合大学的设计教育三种模式。职业教育培养的是工业设计专业技能；高等专业教育是在设计全过程中培养工业设计的开拓、深化、创新的扎实基础、能力与方法；综合大学的设计教育培养的是综合科学、工程技术、人文社会科学基础上的研究、创造方法与能力。

引进包豪斯的体系也只是看重结果，不深入思考它产生的原因是什么，只看到有色彩构成，或者表面的几何形体的变化等，马上就在教学上用这个东西，让学生照这个做，处处都是只关注结果。从小我们是读《十万个为什么？》长大的，当时我们都认为很好，现在可能是百万个为什么，千万个为什么，带来的最大的后遗症是什么？所有人都去追求答案。我看《十万个为什么》，将来你问我，我知道很多知识，都是知识篓子，但这个结果怎么出来的，没人感兴趣，都关心结果，没有养成探索的习惯。西方培养人探索的精神，绝对不给学生答案，教学生沿这条路去走，当学生慢慢掌握了思考方法后，即便今天不行、明天不行、后天不行、大后天肯定行，都这样教育的。一个图形设计创意出来以后，就会反复用各种工艺材料手段做出来，就是在实践中探索、钻研到底，这种钻研的精神实际上就是工业文明带来的结果。

我想举德国的设计教育的例子。德国大学的课有系列讲座、人际学、心理学、市场学、材料学，包括设计色彩，而真正上主课就是一个题目。比如第一个学期，说起来咱们都不信，一个学期就一个课题—每个人设计一个鸡蛋盅（像个白酒杯一样），一个学期 16 周就做这一个课题。中国学生可能一个星期就完成了，他们要做一个学期呀。中国学生就不知道怎么做，就像写论文一样，不知道怎么破题，马上就能做出来，根本不思考。其实这个小东西能引导学生去思考，把它的"五脏六腑"都揭示出来，就是把里面的规律显示出了，这个能力是抽象思维能力，中国学生不会，马上就想象效果，马上就做表面造型装饰了，急于求成。所以就会发现很惊奇，最后答辩的时候，每个人都是摆了半个桌子的十几个鸡蛋盅：塑料的鸡蛋盅、金属冲压的鸡蛋盅、铸造的鸡蛋盅、木制的鸡蛋盅、玻璃的鸡蛋盅、纸叠的鸡蛋盅等都做出来了。所以这个小课题能把学生的能力扩展到材料知识、工艺知识、构造知识，德国大学是教学生扩展知识的能力，而不是教知识，西方的所有设计学院都是这么做的。那么，第二个学期做什么呢？做一把小刀，就是折刀，这个东西也是一种材料的训练。一个刀刃、一个刀把儿，两种材料的组合。要么是金属，要么是塑料，要么是木头，或者是折，或者是翻，学生又是16周做出来，摆在那里，一桌子的刀。第三个学期做什么呢？一个手电钻，内容逐渐复杂，所以4个学年、7个学期做下来，7种东西，逐渐引导学生，扩展学生与社会的接触。到了第八个学期的毕业设计，老师根本不辅导，所以他们毕业出来还需要实习吗？老师不给学生上大课，只是扶学生一把，让学生去工厂看看，去找师傅或心理学家走访一下，哪些点需要思考。都是这么扶，而不是像抱孩子，捧在手里怕化了。

2004年我在德国参加一个大学本科生的毕业答辩，一个班12个学生。2个学生做了非常好的IT产品，就像电脑这类，摆在那里。在我们国家肯定是优秀设计，还要评奖，但是那10个同学没有成品，全是过程中的思考。最后教授委员会的评审结果是那2个学生给毕业，不给文凭，不给学士学位。而那10个学生给毕业，给学士学位。我就觉得很奇怪了，评价体系跟中国完全不一样，为什么，他们说德国的高等教育培养的不是职业教育，是为德国10年、20年后的人才打基础，那2个学生如果不上大学，在设计公司里干几年同样能做出这样水平的东西，与市场的距离拉不大，做得很好但只是眼前市场需要的东西，而我们大学生的培养是为德国未来思考的。那10个学生懂得了接触生活、社会、资源，懂得了与他人和跨界合作，学会了整合和集成知识的方法，去探索未来的需求，这才是德国为未来培养人才的高等教育。听完以后，我出了一身冷汗。

再比如，20世纪80年代初到德国参观奔驰汽车公司，当时我很奇怪，每个工位、办公室都有一个黄种人，我说这是谁啊？他们说是日本人，再一问就是日本Toyota公司的。这一年之内日本人会派各岗位中的一个人去德国学习，一年以后第二批、第三批，连续三年之后就等于他们把奔驰整个系统通过这几批人都带回去了。到自己国家后一呼百应，各个职能部门都能呼应起来，系统在变，整体在变，结构在调整。90年代我又到德国去，还到奔驰厂，还是黄种人，我说怎么又是日本人，他们说是韩国人，就是现代汽车公司的。所以我们老说"西学中用""中体西用"，我觉得都是阻碍，不要老分"东或西"，应该首先认人，认科学。有的不是姓"西"，而是姓"科学"。我们总是简单化，这是东方的，那是西方的，忽略了辨别哪些是代表人类文明成果的。过去我们只从一个国家引进，现在从全世界引进，引进完就只照葫芦画瓢，不研究、一味地加工生产。你看我们的企业家最舍得花钱的是什么？设备、流水线几千万都舍得，但设计费一分钱都不愿意多花。

设计教育是一个非常系统的工程，每个层次、每个结构点都要做调整，所以这个调整就很复杂。首先大学里教学方法的问题比教材的问题还严重，西方的设计教育都是教练式的教育形式，主要是引导。西方大学中的教授一般不变动，但助手3年一流动，不断地从助手那里补充新的能量，从而使它的整个教学体系可以不断地得到完善，所以只要能够积极地吸收营养，就是一个健康的教育体制。我们的问题是这些制度如果不变化就解决不了教材问题，学校的教材大都没有用，反而成了学生的累赘，教材成了一种评职称需要的形式。尤其是设计教育更应该与社会现实发生联系。再有就是现在每个大学都在开放，都在向国外派遣访问学者，但是缺乏长远的计划，仅派个别教师出国进修，待他学成回国后，一颗种子往往改变不了固有的、僵化的系统！能不能不要派一个人，而是将每个专业一下子派三四个人的团队出去，过两年再派三四个人的团队……这样几个轮回，每个专业都到同一个系统中取经，回来后能在同一个结构上去思考，然后根据自己的教学经验设计自己的教学大纲，定能将教学改革引导到既实事求是，又具有国际视角，还具有中国特色的大道上。当然，沿海跟内地就不一样，培养人才的规格肯定也不一定一样，虽都是工业设计，但由于区域的经济结构、特色不一样，服务的对象会有很大差别，所以必须实事求是。

竞赛扩展学生思维，是锻炼学生的很好途径，要尽量参加。国内一些企业搞这种活动是希望少投入，获得更多方案。一般学校没有具体课题，学生可通过比赛接触社会，但过多的竞赛会扰乱教学规律，使学生不能完整学习设计的全程序。以获奖为目的乃至夸耀教学成绩，这与所谓"业绩工程"一样，会误人子弟。过度地组织或参与竞赛导致学生基础知识不牢；知识支离破碎；作品为获奖免不了追求表面效果而过度渲染、夸张，这将导致背离高等教育目的。

同学们千万不要把设计当成一种技巧来学习，我们的教育也不能把它当成一种技巧来培养人。实际上设计是为人，为让人的工作、生活更加合理和健康，这是我们的方向。

设计不是孤立的，不是一个工种，如果我们还把它仅仅当成一个手艺来教和干，那你只是一个白领打工。所以我提出设计思维方式，是从造物转为谋事。我们老说自己是造物，你总跳不出框框，在座的都是设计师，我叫你设计一个杯子，你50年永远设计的是一个杯子，这就是系统的问题、整体的问题。

设计不在自己服务的对象里面，而是在设计之外。修养在设计之外，要了解生活。经历要丰富，行万里路，多体验。设计师要有自己的优势、思想规划、服务对象。要根据服务对象规划自己的职业生涯，但眼界一定要跳出来，一定要了解设计之外的东西，包括修养、生活、其他东西。

广东工业设计培训学院的教学体系思路：
1. 坚持以"设计实践项目推进过程"作为主线的培训方式，所有理论、知识、技能都围绕"问题的思考、目标的定位、思路的扩延、方案的评价、设计的表达"的方法和能力进行培训。
2. 坚持"动手＋动脑"的学习方式，"设计、技术、管理"结合的培训模式。
3. 坚持培养各种"实战型""团队合作型"设计人才。

关于教学与课程方法体系改革方面的建议：
1. 设计、结构、原型三个专业方向不要分成独立的三大块，三个专业方向不能孤立，不要单打独斗，各自封闭，课程中要把这三大块连起来，串起来，形成一个整体。咖啡机项目贯穿课程全过程，这一设计课程能否与结构、原型穿插在一起，是我们学院教学改革的关键。

2. 听了老师们的总结汇报，咖啡机原理演示这一节很好，基本完成原定计划。我再加点要求：在巩固原理演示的成果基础上，如何在下阶段再向上提升，下一个班的课程再继续朝前接着发展。演示模型虽然与真咖啡机有距离，但原理是一致的。下一阶段要让学生在各自小组中再做一组相对规范一点的模型，可以以原型班为主来做，设计、结构班配合参与。

3. 咖啡机或挂烫机的前期研究，必须就自己的所属考察对象做详尽的了解与记录。如：有什么作用？什么人使用？使用背景？有什么困难？水、电、安全等有什么问题？你的考察了解要达到什么目标？考察过程有什么新收获？有什么新的体会和理解。"外行看热闹，内行看门道"，我们从设计的角度看到了什么，如何从中理出几点道道加以提炼、综合。

4. 我们学习设计和教设计的老师一定要牢牢记住：基础与技术不同，基础是不动的、稳定常态的，技术是不断变化、进展的，也是保证我们的目标实现的手段之一。

5. 教研组讨论形成决议，形成教学计划后，任课老师就必须执行，当然提倡创造性地执行，执不执行是态度，执行得好不好是水平，规则就是立法。材料结构课程要研究：工艺性—工艺形，材性—材形，构性—构形，形性—型形。

6. 关于椅的结构、椅的材料，要引导同学研究钢的性能、木的性能、塑料的性能，还有竹子或藤的性能，各不同的优缺点如何连接？结点作用？同时我们备课时要多问自己：讲解椅的结构，各类材料的椅子。如：钢木椅，它的结构如何构成的？如何连接：焊接？铆接？架接？各起的作用是什么？各有何优缺点？教学中准备什么样的钢木椅实例？还有什么可以替代的材料？又如竹椅：竹材料的主要特点是什么？它的结构与木椅区别在哪里？竹椅结构如何连接：穿插接？套锁接？竹钉接？如何发挥竹材料的优点与特性？教学中准备哪一款竹椅实例？项目贯穿如何体现等问题。

7. 关于材料与结构，以纸板家具为例，在课程过程中最核心的是让同学们认识纸板的性质：纸板的材料构成，纸板的理化性质如折叠、防潮等，纸板的横竖承受力、结构力学，纸板的成型工艺，纸板家具的表面处理等。这个纸板折叠椅子是否由一张纸板做成，还是用了几张纸板？这就是经济思维，我们要探讨。对于材料的价格可以讲，但不要过早因为价格的纠结而分散了对材料结构与空间研究的精力。

8. 材料学基础的课程在各院校的设计教学中多数不成功，多数院校都在生搬硬套理工的那些教材，作为教学改革我们恰恰有机会在这个课程上突破创新。所以材料课怎么上，我们要高度重视，要组织设计、结构和原型专业的老师联合研究，材料结构组这一组是难一些，但挑战性大，成果出来了，同学们收获就大，影响就大，做成了就是标杆。

9. 课程中让学生去找材料，分板材、线材进行分类，纸、塑料、钢材、铝材、木材等。不同材料不同的表现形态，不同的材料其功能与作用也不同，要研究它们的差异连接方式和不同的表面处理，收集它们的典型样例，张贴做成大板，形成成果，再分析提取它们的特质并列成对比的表格（实物与文字），这样学生学的是活的知识。你不必上课拼命讲，讲了学生也记不住，通过上述过程学生去寻找与体验材料，就可以在课程中逐渐压缩口讲材料，从讲 10%、5% 到 2%，甚至到 1%。学生通过这一实践学习，知识活了，在设计实践中也用得上了。

10. 关于挂烫机项目的研究，要注意几个方面：什么是"事"？就是为什么要挂着熨烫？它的优点是什么？什么品类的服装适合使用：床单、西装、上衣、裤子、短裤？什么单位或地方大多使用挂熨：服装厂、服装店、家、出差时？要分类研究。

什么是"物"？就是多问问自己，这个新设计的产品，平板台为什么这个尺度？要这么大吗？平板台能解决什么问题？较之原有的产品方式改变了什么？更科学、更合理、更健康了？目前这个挂烫机设计总体不错，获得委托企业的认可，但我们还得多关注关键的地方：衣领口、袖口如何有效地熨烫？

11. 第一阶段的课程思路清晰，老师尽力尽责精心安排，同学们都相当地努力，上台总结讲演的 PPT 基本上反映了项目导入课程的思路精神。但要注意进一步通过课程学习发散的知识，是否可以将咖啡文化研究分若干组，根据不同方向，不同内容进行不同的研究。如：一组研究欧洲咖啡文化，一组研究亚洲咖啡文化等；也可以一组研究咖啡专业店的贵族文化，一组研究家庭喝咖啡的习惯文化，一组研究星巴克咖啡城市文化等。这样研究可以更深层次地探讨不同国家、不同区域、不同阶层、不同环境、不同风俗习惯和不同文化等人群的咖啡饮用习惯与要求。

12. 第二阶段的课程：结构剖析。通过拆解各种类型的咖啡机，研究其密封结构与材料，结构分类、原理，咖啡豆研磨成粉末的结构原理，冲泡过程的剖析。如：研究滴漏式咖啡机结构特征；研究胶囊咖啡机结构特色或研究全自动咖啡机的结构原理，理清它们之间的共同点与差异点，它们之间的优点、缺点等。

13. 上述二阶段完成之后就是学生汇报，这阶段是对学习综合表达加以指导，对项目的理解，要能破题，能分析，能综合，能合力，能表达，能说出要点。作为合格的教师要明确在 20 分钟或 30 分钟的学生汇报时，教学生如何讲出重点，讲清楚我怎么做的；如果是一小时，那么先讲什么，再讲什么，怎么讲才能条理清晰，达到目的；我们老师要有思路，学生才能得到锻炼，铸就能力。

14. 第三阶段的课程：原理研究，加热原理，过滤原理，综合原理，识别操作，人机原理，保温原理，水量大小原理。这方面可以让结构师傅（老师）重点讲授，要研究相同材料采用不同的加工工艺，如加压和加热，为什么产生不同的效果？涉及结构基础和材料学，可以在这阶段开设这类课程，学以致用。

15. 第四阶段的课程：模拟原理研究，这一阶段老师带同学们做得不错，都能使用各种收集到的材料模拟原理搭架出基本结构，都能冲泡出咖啡，很不错，很受鼓舞！虽然由于材料、黏结剂问题冲泡出的咖啡还不敢喝，但香味大家都闻到了，这已很不容易了，这就是初步的成果，阶段性的成绩。下一步我们就要在这一基础上深化课程，从原理进一步展开设计思维，深入原理实验，进行创新设计。

16. 在教与学的过程中，发现新问题，再研究、合议，在5大模块中，一个老师主讲，其他老师穿插串联的模块，让教师与同学在课程进展中不断学习、研究、提高，长期积累，在咖啡文化、豆浆文化等方面就成为产品文化专家。这个不断穿插串联的模块教学法，对教学的系统组织也是一个极大的挑战。

既然要做事，就要把它变成系统，我们十几个人，可以集成、沟通，做成更多的事情。

17. 课程改革就是试验，先走一步，写出预案让大家提意见。在这儿不光当教师，而是当教练，不是当某一部门的教练（如体能……），而是总教练。什么是总教练，总教练就是全盘考虑、系统布局、详尽规划如何带出优秀的运动员。总教练都是经过历练、经过挫折过来的，有历练、挫折就是进步的开端。

18. 通过咖啡文化的调研，通过咖啡机的结构拆解探究，又利用简易材料进行冲泡原理演示，最后进行再提炼、再认识、再思考、再设计，把设计引导到系统思维上来，这个方法的全过程是非常有意义的，这个设计程序非常可贵的。但全过程中有些环节必须加强，如某些细节的东西可以再深入考虑与探讨。咖啡文化的调研认识一节，必须突出我们研究咖啡历史与饮食、与史论家不一样，我们是要从咖啡文化的梳理中提炼出与我们设计紧密相关的目标和事理。

19. 如果我们走下去，坚持下去，是我们设计教育的重大贡献，非常有意义，非常可喜的一步。通过这一学习过程，想立即开发出了一系列创新的成功咖啡机几乎不可能，而最重要的是这一过程。在拆解和演示的过程中拓宽了我们眼界和知识，它只是载体、机会，学会去拓展应用能力，发现问题、思考问题、开发解决问题的能力。这一阶段不要停留，要继续开拓、努力前进。

20. 工作很细，百尺竿头更进一步，拆解了找到问题，这一步迈出后，要深入关注，不断发展，不断发现，坚持走下去。你选用代用材料，为什么选这个材料，这就是思考，就是实践。所有的工具、技术都是为解决问题，这也使我们发现这一教学体系、这一课程方法、这一条教改的路，要如何继续走。

21. 我们工业设计培训学院的老师与同学要正视现状，不要抱怨没有高学历，不是省部直管的所谓"正规"高校。我们要自强自立，将心用在学习上，用在动手操作上，用在掌握本领上。我们的老师要善于引导学生去发现问题、解决问题，同学们要在实践动手方面多努力，你们的口号："动起手来学习"！"关掉电脑，到车间去作业"！就很好。这样学生做的东西要比在知名学校培养出的学生做的东西好。

22. 重点：

（1）汇报在广东工业设计培训学院实习两个半月中的工作、成果和收获；

（2）要学会准确表达自己的看法,总结陈述经历与收获;

（3）设计流程方法要与实际结合，全过程参与实践；

（4）做设计要讲究研究方法、实施程序和实践路线；

（5）对于设计项目而言，了解物境（内因）、情境（外因）和意境的内容和意义，内因服务于外因；

（6）对于一个设计课题，在调研之前应做好充分的准备和预习工作。

23. 交流中谈到完成一个设计项目的方法和程序，以咖啡机设计为例。首先，要总体了解咖啡和咖啡文化，并分析什么时候喝咖啡、为什么喝咖啡、喝咖啡的不同环境以及人如何喝咖啡、喝咖啡的方式等；然后找到兴趣点如办公室喝咖啡的情况，并进行实际的体验，深入办公室中，探究白领们的喝咖啡环境、时间、方式、频率以及喝咖啡的流程等，在诸多环节中发现问题，通过分析问题找到设计的机会和切入点。

24. 咖啡机原型创新设计并不止对其原理的颠覆性创新，可以从咖啡机的操作角度、速溶咖啡的快捷方式角度、咖啡机的放置等角度进行设计，只要解决其中一个问题也叫设计。

25. 内因是服务于外因的。内因指的是物境，包括咖啡机的原理、操作方法、工艺材料、技术，甚至是咖啡机的操作按钮和杯子的放置等；而外因主要研究设计的定位人群。

26. 品牌是消费者心理的丰碑。但不是有了品牌就是好的产品，目前的市场导向一定程度上是错误的，过多地追求品牌效应往往会让人忽视设计对于产品的重要性。不能一味地进行山寨，而是应该深入到生活中找到定位点和设计机会。如一名美国的博士生，为了给残障人士设计，自己扮成残障人深入到残障人士们的生活中体验他们的实际生活达一年之久，这才叫体验。

27. 颠覆性设计思维，有很多入手点。可以是对象，也可以是场景、环境等。

28. 对于一个设计课题或者毕业论文，在调研之前应做好充分的预习工作，问卷不是简单地罗列几个问题，问卷也是需要设计的，做事要有效率，能 50 次解决问题的绝不用 51 次。

29. 做设计调查时，有很多方式。如设计问卷，其中包括用户的基本信息，问卷设计很重要；还有电话回访、焦点访谈和去实地考察等。在整个调研过程，应该合理地组织人员安排、详细地进行策划（可以预先进行规划，但在调研过程中，要时刻对原有计划进行调整），最终达到自己的目标。

30. 在汇报自己的实习情况和实习成果时，要想清楚汇报的形式和内容。如德国学生在毕业答辩时，他们是不使用 PPT 的，而是已经将自己的展示内容融入他们的脑海里，他们更多是用一些表格和实际的模型来辅助说明他们的设计课题。要达到这样的程度很难，中国学生与之还有很大差距。但在汇报时，要注重汇报内容的逻辑和主次。

31. 市场调研的本质就是要跳开限制，要针对特定条件、特定人群、特定环境、特定时间展开—即外因，同时抽象出目的，才能有针对性地进行。

32. 建立一套正确的设计思维流程，要展开并证明自己的创新点，也应了解其他思维的方式和本质所在。评估一项设计思维可以倒过来使用既定的设计方法。用外因去衡量所做的设计，评价其优劣，进一步优化，把思维具体化。

33. 外因是修饰目的的。外因包括特定的使用环境，市场调研要考虑多个不同的环境，具体了解，寻找其间的共性和差异，先找到多个点入手，分析过后才能明确地找准定位。调研就是为了找准目标，调研之后才能准确定位。

34. 例如咖啡机的设计调研，要从其外延出发，追寻其历史轨迹，然后研究特定的环境下的具体因素，如操作的时间、空间的清扫、咖啡机手握的感觉、容量大小等细节。目前的四种咖啡机：半自动、全自动、滴漏式、压力式，是企业市场的分法，我们不是要重新设计全自动的或滴漏式的新形式、新造型，我们要解决的主要是方便生活的问题，用滤纸或滤网？各有什么利弊？为什么？如何解决？拆解的目的是对结构进一步地了解，以便寻求更方便、更科学、更健康的冲泡咖啡的方式。所以我们的教学要牢牢记住和明确：拆解的目的是什么？搭建演示实验装置的目标是什么？通过拆解、演示你找到了什么难点？下一步要解决什么问题？当前冲泡原理的过程中哪一步有问题？等等，都要给出明确的答案，并增加一些评价点。

35. 实际的市场调研是一项很大的工程，需要了解委托人的意愿，还要与使用者交流，与制造者交流。

36. 灵活安排时间也是一项技能，一个设计项目的时间有限，要根据需求抓重点，有针对性地进行，注意轻重缓急，注重效率，量力而行，即灵活应用，合理安排。

政府要在政策、机制和教育结构、体制方面进行大力度
改革：

1. 大力普及、推广职业教育，为企业和设计公司培养实
战型、技术型、专业型、一线操作型的设计人才。

2. 调整高等院校本科生的教学大纲和培养方法，强调在
设计实践的全过程中学习、扩充知识的方法和能力，以
及掌握在生活实践中观察问题、发现问题、分析问题、
归纳问题和表达、联想、创造乃至评价的方法和能力。

3. 研究生教育强调从工业设计生产实践和社会实践中
选拔生源，进行选题开发与论证。研究生层面上的设计
管理方向要提到日程上来，从设计第一线的设计管理人
员中选拔人才，培养深造。

4. 对现有工业设计师资进行全面培训、考核、认定。同
时高校师资队伍中必须至少有 30% 是设计第一线聘的
兼职教师，并逐渐过渡到 50% ~ 70%。还应辅以合适
的待遇，保证其积极性。以教学团队形式，分批、分期
轮训，并审定培训计划、任务，送到国内外知名高校培
训，以形成一支有活力、能合力的、开放的、知识结构
新的师资团队。

5. 把设计学列入一级学科。

6. 制定政策，引导、鼓励、支持在职工业设计人才的再
教育。

7. 坚持并完善政府主导的各种激励、奖励机制，如："省
长杯"设计竞赛、推广工业设计成果的活动，加大力度

对知识产权保护的实施等。

8. 成立政府为背景的"工业设计委员会"或"工业设计办公室"，形成工业设计长效机制。

系统一——

SYSTEM

Industrial Design
Thoughts in China
—
System
—
060

为什么叫系统设计？系统最关键的是结构，每个子系统和要素之间的关系，远重于物，重于要素，要强调整体的作用，强调创造新游戏规则。不能老是跟着一流跑，你追上它也还是二流。

人类认识能力和手段的迅速发展，使人类具有了系统的眼光、系统的手段、系统的思维能力，许多客体系统被揭示出来，被制造出来，如人机系统、人脑系统等。客观系统化了，主体也随之系统化了，其桥梁—实践也系统化了。这就使产生于工业革命的工业设计在系统时代插上了系统思维和系统方法的一对翅膀，得以清醒地认识商品经济机制下的设计行为的弊病和在这一点上产生于手工业社会的工艺美术却始终未能迈出它出身的局限。正因为如此，工业设计活动在系统论的武装下轻而易举地开发了阿波罗计划，而无须新的发明、新的突破，可以说系统论引入工业设计，使工业设计进入到不惑之年，使我们清醒地悟到："反馈论""因果论"不应理解是负反馈—保持；工业设计学科系统不是消极被动的反馈，而应理解为旨在向稳定挑战，促进它变革的正反馈—积极反馈。这就是工业设计所代表"创造新生存方式"的观念与工艺美术所代表的不可逾越的观念的根本区别所在。工业设计的"使用方式说"是对文化、对人与自然的关系—即秩序的抽象，是对复杂的多维关系、动态隐结构的抽象，是将文化上升到表达自由构造主义哲学的符号。当然也是区别于自然经济社会的抽象—"图案说"和传统工业文明的抽象—"构成说"的。

信息时代、知识经济下的设计将重点探索物品、过程、服务中的创新，其研究具有广泛性和纵深性两个维度上的意义。设计将更多以"整合性""集成性"的概念加以定义，它们也许会是"信息的结构性""知识的重组性""产业的服务性""社会的公正性"等，不再局限于一种特定的形态载体，而更侧重于整体系统运行过程中的结构创新；设计不再是大师个人天才的纪念碑或被艺术空洞化所炒作，而更侧重于设计的上下游研究和设计过程的方法把握；设计不再仅受制于商业利益，而更侧重于大众的利益和人类生存环境的和谐。为此，设计业态也会在产业结构、社会职能以及相互关系中做出相应调整和变化。

系统设计包括理念、结构、组织方法、具体设计。系统设计非常重要，但却是中国十分缺乏的。中国自古是一个封建社会、帝王专制社会，老百姓处于最底层，统治、领导者不希望干活的人去想，想都是统治阶级的事儿。而西方的进步就是因为工业革命，因为系统。之前是一个作坊做东西，不需要系统，古时候称"意匠"，图纸都在师傅脑子里面了。

工业革命要上机器，要快，要批量，所以就要求分工。选料、下料、刨平、打榫、组装、刷漆、销售都是分工好的。分工越细致导致每个人只做一件事儿，熟练度会马上提高，效率就提高了。最大的问题就是上一道工序与下一道工序该如何衔接？设计才诞生了。真正现代意义的设计，就是应该需要有人先想好每一道工序与环节，使每一环节都串起来成为一个完整的工序，最终卖出去。设计最重要的不是一个系统，需要的是一个团队。

设计公司不能光有工业设计师，必须有团队：有搞策划、外观、结构、材料、工艺的，还有研究人的行为、心理学的，经济的，这才叫团队。在一起不会打架，这就叫系统，系统效应不是算术效应，而是 2+2 大于 5。

方式一—

Industrial Design
Thoughts in China
—
Measure
—
066

我提出设计是"生活方式的创新",强调创造一种新的、合理、和谐的生活方式,使生活更加有节制的合理和健康,与大自然和谐、与大多数人和谐、与可持续发展和谐。设计是协调人类需求、发展与生存环境条件限制之间的关系,它研究"事"与"情"的道"理",简称"事理"。"事"是人与物关系的中介点,不同的人或同一人在不同的环境、不同的时间、不同的条件下,即使为一相同的目的,他所需要的工具、方法,行为过程、行为状态是不同的,所需的工具、产品,乃至造型、材料、构造等当然不同了。所以把"事"弄清楚了,"物"就浮出水面;剩下的就是选择原理、材料、工艺、技术、形态、色彩等,这只是实现被外部因素限定下的"目标"的手段。方法和具体的"物"是被选择的,人的目的和实现目的的外部条件是至关重要的,也是决定性因素。这里所指的"条件"就是指决定实现目的性质的外部因素。实事求是就是"事理学"的精髓。重在"事"的研究,从实现目的之外部因素入手,就自然会对"物"的概念有了定位。设计结果是"物",但出发点是"事"。我们要创造,不满足模仿,"超以象外,得其圜中"就是这个道理。从外部因素入手能更深入地认识本质,进而创造"新物种"。

所谓生活方式一定是围绕人的。人要有行为动作,行为动作着陆点导致行为方式顺序,有具体的人、环境、条件、时间这就是完整的生活方式。了解这些才能准确地知道用户想要什么,不是简单地就事论事。比如看电视,家里看和大杂院看是不同的；用手机、iPad 躺在床上随时看，还是放一个小电视在厨房里面看也是不同的。

现代人的活动更加多样复杂，社会越来越现实。关于看电视这件事儿如果再进一步地拓展思考，那就要对于"人们未来如何接收与处理信息"进行研究和思考，这样你会有无限的创意和想法。

围绕生活方式做设计，就是告诉设计师，消费者需要的是一个完整的和系统的设计，而不是单一的产品设计，要的是产品背后所提供的服务。

一谈到生活方式一定要和时间、人、环境、条件相结合的。月亮上、沙漠里、大都市，还是乡村里，都是很具体的场景，需要设计师实事求是地去解决问题，用当地的资源解决当地的问题。如果在乡村里面建一个像白宫一样的豪宅，则是很可笑的一件事情。

生活方式讲的不是某一个状态，它讲一个过程，它不是孤立的一件东西，也不是孤立的一刹那，有时间性，有空间性，有时间、空间的联系与扩延，不是孤立存在的，是跟周边有关系的，是关系结构上的一个组成部分，而不是主角。主角是人，是人的行为。

在办公室用这个纸杯，回到家里绝对不会用纸杯，你要用你固定的茶杯，你要去泡，盖儿一拧，不漏水。士兵要喝水，得有一个军用水壶，还得用帆布包着，行军打仗不会咔啦咔啦地响，被敌人发现。这是设计师要考虑的，要实事求是地解决问题。好像做一些肢解的、局部的、现象的事儿，最本质的东西没有解决。

设计，当你对一个物或者技术仅仅当作交互技术，当作一个手机，我们的设计师已经没有创造力了，你只能做一点小打小闹的东西。这是一个方法，设计杯子我绝对不止想杯子的事，我要想杯子以外的事：谁喝水？怎么喝水？为什么喝？喝什么水？在哪儿喝？杨白劳喝水和林黛玉喝水就大不一样，在人大会堂的代表和跑马拉松的运动员喝水就大不一样，例子太多了。思考研究之后我知道杯子怎么设计了，很可能是扔掉杯子的一种新的喝水方式。

设计师思考不能用名词思考，设计一个杯子，用名词思考，再能干的设计师，50年给我的答案也是一个杯子，但是没有杯子不会渴死。设计师解决的是什么是解渴的方式？是动词，而动词是根据什么？是主体、主语，要研究用户。门也好，杯子也好，家具也好，冰箱也好，都是工作的结果，而要创新要设计，必须要解决问题。如果不能解决随时跟人沟通的话，这个门反而是一个负担了。如果要解决经常跟人沟通，可能就不是一个门，但是能起到相对的安定，也能随时和人沟通。这里的设计是一个动词，那么修饰动词就要考虑，是一个经理在这屋呢，还是国家总理在这儿，还是一个普通家庭的主妇在这儿，还是一个小孩儿。那么，这个门就要变，时间不同，条件不同，地点不同。在办公室是这个门，到了自己家里的门，到了一个大会堂的门，大会堂的门绝对不是这么矮，必须做得高，必须体量大，体现它的重要性。所以，因时因地而异，就是典型地去研究使用。那么我就会实事求是，做出不是门的门，我就可以创造吸管也可以解渴，自来水龙头也可以解渴，一个臭皮鞋也可以解渴，一个牙膏管也可以解渴。这才有创造性，而这个创造的理念不是拍脑袋想出来的，而是实事求是地去思考，能解决问题。你在家里需要的，跟你在这里当客人需要的，跟你在大街上需要的实际上是不一样的。

下面举一个例子，名词思考和动词思考的差别。

墙，每个建筑都有墙。石头墙，木板墙，砖墙，大理石墙，画画的墙。我们首先想的是墙可以做任何事情，任何东西都可以拿来做墙，就看墙要做什么，是保护还是隔绝，还是纪念，还是象征，还是挑战，还是生活气息。我必须把这个目的弄清楚，我再来选择墙的材料、技术、工艺、原理，我甚至不用墙可以制造一个墙。这是设计师的思维，不是技术思维，也不是工程思维。而我们现在基本上不讲这个，上来就讲具体地用什么材料，用什么造型，用什么软件画效果图。

万里长城以前是表示抵御匈奴，现在是友谊的桥梁。时代变了，现在再造万里长城也可以造起来，但是没有任何意义，时代变了。

再比如，Le corbusier 的《廊香教堂》。"墙"这个元素在这位大师手里可以捏成这样，做成那样，把"墙"

作为组织"光"系统的载体！这种跳跃是一种理解抽象思维的前提下设计的，如果没有抽象思维，你根本不可能这么做，你永远只是做墙，永远是做哥特式高耸的空间，永远不可能创新。

中国的园林，墙是"墙"吗？墙不是隔绝，墙是引导你到下一个空间、下一个园林的指示牌。并不是我们概念当中墙的意义。苏州园林的墙告诉你，墙外有墙，别有洞天。在游乐场，墙是引导小孩儿沟通交流的载体。

对我们设计师来说，创造力的来源不是"头脑风暴"，是理解了"抽象"本质以后就能够天马行空了。它是飞跃，是解脱，是抛开所有，可以开怀，可以释放，可以做一切，就看你怎么想了。

这是我们脑子里思考的物、工具、技术，在我们脑子里面展开，我们靠头脑风暴吗？不是，靠我的理解，靠我的破译。所以在我们头脑里面，一堵破墙对我们来说也可能很美很美，不要修一个大理石的墙，恰恰要这个墙，这个墙还可以闻到阳光的味道，那是什么境界？靠技术能解决吗？你靠美化，涂脂抹粉能解决吗？不是，是设计师的特定场合，了解了消费者需求以后，我们可以因势利导，因地制宜去创造。

墙为我们遮风避雨，给我们提供了物质的保证。给我们划分空间的同时，给我们提供了一个憩息、往前继续走的一个保证。正因为有了墙，才有了门和窗的设计。正因为有了车，我们要修路，正因为有了路，所以我要造车。动物里面有轮子吗？只有人有。因为动物不可能先修路，而人要修路，所以要用轮子。这就是对立统一，这就是矛盾论，这就是我们设计的哲学。设计不是一个技巧，不是一个技能，而是一种思维、一种认识。我们说工业设计是本质，不是我们看到的物。要提高，要重新组织结构，学什么知识没有关系，关键要把知识重组。

我们的工作室有一个老师就在开发豆浆机，我觉得这就是中国人的生活方式。现在我们用的豆浆机做出来的不是豆浆，只是豆子被高速运转的刀具打碎了，而不是应用石磨的原理，即慢速地碾压、研磨豆子。它每分钟1500转，打碎了豆子以后和水混合在一起形成悬浊液——"豆渣水"，这不是豆"浆"。喝到嘴里沙沙粒粒的，表面不结皮，也没豆香味。中国的豆浆是石磨研磨出来的，碾压的豆子纤维是长的，能充分氧化，油脂能出来所以结成一层油脂，香味四溢。我们当然不可能在家里弄个石磨，效率太低。所以我们要把这个变成现代的可操作的机器，这样豆浆就可以制定标准了。原来农村家庭的豆浆没有标准，豆用水泡多长时间都是靠经验，如果我们有豆浆机就可以用这个标准了，可以保证你的蛋白质含量和营养度。这是需要思考的实际问题，绝对不仅是机器的结构设计。这一整套思考，才有我们自己的一套完整的知识产权，我们才有拳头产品，才能出口，才有中国饮食文化的发展，才能成为"中国品牌"。

中国人习惯跟外国人走，不是不能学，你要学什么？是否考虑过中国地大物博、发展阶段跟欧洲面临的问题是不一样的。中国人只有自己才能解决自己的问题，欧洲人是解决不了中国设计的问题的。中国的设计师千篇一律地用外国的衡量标准来认为自己有创意，有设计了，不觉得可笑么？整个业界都是如此，不光是建筑界、室内设计界、产品界、工业设计，均普遍存在这种现象，这反映出业界的浮躁，急功近利。

前年清华美院请英国设计委员会主席来中国讲座，一帮很有资历的教授、专家、设计师在下面听，讲座之后有一个互动提问环节，有人提出一个问题："中国设计应该怎么做？"看似一个很重要的问题，但是对方却尖锐地回答："那是你的事情，不是我的事情！"中国的设计问题应该咱们自己的设计师来思考，来解决。不要一股脑希望外国人来教我们。还是这位英国设计委员会主席说的对："中国那么大，企业那么多，中国设计应该怎么发展？如果你们解决了，那你们的设计肯定就是一流的"！

当今世界的设计理论也已从狭义的产品设计、平面设计、室内设计等，以工作对象为目的设计观念中提升到"方式设计""生态设计"的高度。这我早在 1985 年就提出来的设计定义，当时大多数不能理解，是因为从事设计实践和教育的设计人员的知识背景多机械工程、图学或工艺美术等行业。他们被狭义的、被条框分割的行业、孤立的工作对象所局限；被对象的表面现象、效果所束缚。对人来说必须抽象地、科学地认识"物"，若离开了"事"—"生存方式"是无法评价的。这也是我国改革开放以来，"加工制造"能靠政策、引进、技术而大发展，但与此同时企业中的研发能力和设计人才只关心模仿、改良，仅为效率、利润的小改小革，根本没有从生活、工作中的问题中发现需求，更不会从"物"的外围限制中找课题，乃至创造出符合中国人的生活方式的"新物种"，只用在对"外观、造型、风格、传统或技术改造、结构改良"上，跟进、改良外国人不断发明的"新物种"后面，进行花样翻新，还以为这样既省了研究开发费用，又可满足所谓的"地域化""民族化"的"符号学"理论。

我不同意电冰箱完全就是西方的样式，它的本质不是电冰箱，是保鲜、储存食物。中国古代也有储存食物的办法，也有放冰块的冰箱，或者把它腌起来、熏起来。为什么有香料战争，就是西方要储存食物，但当时没有这个技术只能依靠香料。我们现在引进冰箱了，一些技术能够解决，但低温放黄瓜反而会烂，所以这就是我们作为设计师要考虑的问题，绝对不是冰箱要怎么设计，而是要考虑怎么保鲜，不要去想冰箱去弄个什么饕餮纹、中国红，那太小儿科了，但大家都把精力放在这方面上了。

大家对设计还是从结果看，很炫，很漂亮，但这些都是表面现象。咱们现在的审美品位已经有问题了，以大为美，以多为美，以奢华为美，这绝对是错的，但大多数老百姓都追求这个。要有车要有房，房子越大越好，而设计则告诉大家，不是这样的。设计追求的美好理想不是每个人去享受，而是和谐，与自然和谐，与人和谐。

有些设计，非常低调，甚至可能觉得看不到设计。比如芬兰的设计博物馆，每天都展出"已被日常生活接受了的"东西，其实是一些各个年代的历史痕迹，像某个时期的用品，是当时生活中司空见惯的小物件，参观的人会感受到当时生活的场景。那也是一种设计，是历史沉淀下来的一种设计，一看就能联想到某个特殊年代。中国也有这样的设计，比如老北京的四合院、自行车的"雨披"、"蜂窝煤"等，这些都是当时当地的经济、技术、文化、习俗等整个社会的缩影，无论谁走进那里或使用这些对象，就能联想起曾经的生活场景，情不自禁体会到一种肃然或亲切，因为这里同样赋予历史沉淀的意义。这就是设计的威力。经过时间的变迁而最终留下来被百姓所接受的一种生存方式，就是好设计。

光有史不行，得有论，才能可借鉴。就像四合院，四合院再好现在能用吗？不可能啊。必须从研究住宅中总结道理：住宅一定要解决人和人的沟通问题。四合院解决了一个大家庭沟通的问题，但是现在的小家庭怎么办？住了十几年了，邻居姓什么叫什么在哪里上班都不知道。沟通是社会安定最重要的一个基础。小区里死了人了，几个月后臭了才知道。过去中国是传统的四合院，中华人民共和国成立后是大杂院，再有筒子楼，像筒子楼基本解决问题了。虽然条件不好，但是关系非常好，大家很和谐。现在没有了，一家一户，一个小单元，关着门，跟谁也不来往，很封闭。建筑学、规划者应该要解决这个问题，而没有解决。纯粹是为了外观、好看，建筑师思考自己的纪念碑，规划者想挣大钱。根本没有想这个问题。研究完了四合院没总结到这一点，四合院的本质只是解决了封建社会大家庭中人和人的关系问题。

如今越来越多的院校教学、越来越多的同学在设计方案中体现出关注百姓生活的一面，让我很欣喜。其实好的设计，就应该是关心生活的。设计不是凭个人喜好或某个小圈子的活动，也不是同学们天马行空的想象可以得来的，设计紧密地结合社会发展，与生活息息相关。设计关乎我们怎样去思考、怎样去看世界的问题。

中国
工业设计
新想
-
方式
-
077

Industrial Design
Thoughts in China

—

Co-existence

—

078

共生—— CO-EXISTENCE

Industrial Design
Thoughts in China
—
Co-existence
—

大家觉得抽象主义看不懂了，现代流派看不懂了。看不懂没关系，我去看作者以前画的画，看他的文章或主张，看他平常关心什么，是怎么思考的？我要读懂你才能读懂你的画。其实这是引导人们去思考，去发现，去理解，去研究，去多向地反馈，这恰是未来社会必须要达到的。给你知识你要创造知识，不是单纯地接受知识。艺术已经发生了根本的变化，这时候艺术家说他的创作应该也是有思想的，这个说法应该是符合今后的发展方向的，不是仅仅表达自己，不是无病呻吟，我用我的画来表示我对社会现象的一种反馈，或提倡或批判。发展地看，艺术也在进步。我认为艺术有三大层次：写实美学观、分析美学观和共生美学观。分析美学观追求的不再是表面的现象，而是背后的东西。到了现代发展的时候，有很多的流派出现，要在作者心目当中完成一件作品，这是"共生美学观"。为什么我反对叫景观艺术呢？景观艺术就是典型地把观者与作品分离的美学观，而忽视了观者主题行为不仅是"观"而是应与作品融为一体，在行为、心理上的互动，潜移默化地引导社会健康又合理地发展则更为重要！

20 世纪 80 年代中期学术界谈过技术美学，一开始我就觉得这根本不行，谈不清楚的。我一直坚持要谈就谈"设计美学"，技术本身无所谓"美"与"不美"，技术永远是被选择的，是手段。如把手段当目的，那手段就成目的了，人类未来就会被异化。而"设计"才是人类未来不被毁灭的智慧，是美学讨论的课题。

你说技术是美或者不美怎么谈？就像物理学中的"功"和"力"是不一样的，一做功，就要把人放进去。评价就不能说快好慢不好，大好小不好。力可以评价，力的大小，力的方向，力的作用点。但一谈到功，人做什么功？带有目的性，它必须要有一个形式载体，而且是实事求是的，根据施功者是在家里施功呢，还是在街上施功，还是在五星级宾馆里施功，那就不一样了，而这是设计师要思考的。所以设计师头脑里边要多用动词思考。修饰动词就是地点状语从句、条件状语从句、时间状语从句，那修辞使用者就是主语从句。要真正把人研究透，而不是空泛的一个人、空洞的概念。人和人是不一样的，人和人的心理需求是不一样的。实际上，中国人从来就这么讲，因地制宜、因材致用、因势利导、因人而异，传统的哲学讲得非常清楚，而我们恰恰都丢掉了。

古典艺术的"再现美学观"，现代主义艺术的"表现美学观"，后期现代主义艺术的"共生美学观"正是不同时代人类认识的不同观念的果实与花蕾，它们是彼此不能替代的相互并行、叠加的多次元世界的本质。

共生美学观并不是现在才产生的，只不过在科学进步的基础上更容易被人们的认识接受，当然这需要一个很长的历史过程。其实人们早已不自觉地应用了共生美学观。古代中国的哲学思想就包括了这种观念的内涵。"禅宗"主张不解释，而主张意会。解释只能限制思想，但意会可以因人而异，因情而移。正所谓仁者见仁，智者见智，道无在，无不在。这里的"道"，可以理解为"法则"或曰"美"。中国画是拿无限为目标的。散点透视、鸟瞰的构图，表达了无垠的空间、无限的时间，不强调再现某一戏剧性的瞬间场景，这正是与西方古典艺术作品不同的地方，也是观念不同形式的传统。中国画不讲究形似，而重神、重势、重气。正如老子曰："大方无隅，大器晚成，大音希声，大象无形。"欧洲巴洛克艺术风格是当矛盾的意向被结合在同一运动中时形成的。巴洛克的精神就是在同一时刻既肯定又否定的愿望，在被地球引力向下拉时试图飞开。中国建筑也是应用共生的要素，把独立的殿堂、楼阁、亭榭连续地组合为群体。把空间与时间联系在一起，从而产生艺术感染力。

工业时代的逻辑理性主义哲学总的来说是一个静态的科学结构，只注重科学研究的结果，忽略了科学事业发展过程中活生生的人的活动以及历史的变迁。这种把科学凌驾于历史之上的哲学思想适应不了由于广义相对论出现以来的高技术信息时代对客观世界的重新认识，而由此将历史主义、人文主义与理性主义结合的相对主义，即合理性的标准是历史的、是随着主体变动多元的哲学体系，主张认识主体不应成为客观存在的对立面。科学虽然不再有一个统一的、唯一的标准，然而各个时期的标准是可以合理演化的。重视科学的文化背景与科学本质之间的必然联系，表现出哲学的文化融合的特征—共生哲学观。它的时、空性是高度集中各种信息（历史与现实的、宏观与微观的）后的整体抽象。概念、理论、经验和材料、信息之间存在着一种非逻辑关系，一切概念不是唯一由因果关系确定的，而是一些自由的约定俗成。而世界上再没有什么东西比人的想象更为自由（大脑的思维功能也应是客观存在的），它有无限能力可以按照各种方式来分离、分割、混杂、组合。它可以相当松弛地处理经验事实同人类高级思维形态—思辨和想象的关系。正是运用这种哲学思想，爱因斯坦才有可能发明了广义相对论。由伽利略开端的近代实验科学的理性主义哲学导致爱因斯坦的老师马赫成为"原子论""相对论"的反对者，他认为"一个超出认识范围之外的事物，一个不能被感知的物，在自然科学中是没有意义的"。这个狭隘的、僵死的机械唯物论虽然严重影响了科学探索的视野和设计功能，但却阻碍不了科学新发现和设计就是创造的实质性推进。广义相对论的创立，使从黑格尔到马克思的辩证主义哲学观念的传统发生了重大转折。

这种把经验理解为认识显结构的实践，把想象与思维结合起来，经过分析的过程，强调在高层次上重新组合的整体性"自由结构论"的方法论是认识隐结构的实践。无疑，这种哲学观必定不是所谓手工业时代的工艺美术家、艺术家、理论家所能理解掌握的。而只有培养作为大生产培训基础之上的高技术信息时代所需要的综合性通才—设计师，才是我们当前工艺美术院校教育的出路。否则，我们将无法适应时代的需要，已有几千年辉煌成就的工艺美术事业被无情的历史进程边缘化。

Industrial Design
Thoughts in China
—
Reason
—
086

REASON

事理——

设计是创造一种健康合理的生存方式。强调"创造"—使人类生活更健康、合理、有节制,要与大多数人"和谐";要与大自然"和谐"。设计是协调人类需求、发展与生存环境条件限制的关系,这称之为适可而止、因势利导的可持续发展之理。设计的对象表面是"物",而本质是"事"。研究"事"与"情"的道理,即"事理"。"事"是"人与物"关系的中介,不同人或同一人在不同环境、不同时间、不同条件下,即使为同一目的,他所需要的工具、方法、行为过程、行为状态都是不同的,使用的工具、产品乃至造型、材料、结构等当然也不同,所以把"事"弄明白了,"物"的概念就显现出来了。设计就是把"事理"研究清楚,其"定位"就是选择原理、材料、结构、工艺、形态、色彩的评价依据。这就是把实现目的之外部因素限制与可能—"事"作为选择、整合实现"物"的内部因素依据,即为实现目标系统去组织整合"物"的设计理论和方法。"实事求是"是"事理学"的精髓,也是设计的本质。重在"事"的研究,从实现目的之外部因素入手,建立"目标系统"和"新物种"的概念。设计的结果是"物",但设计的出发是"事"。我们提倡"创造",不满足模仿,必须从研究"事"入手,研究实现目的之外部因素限制,从而深入理解"事"的本质,进而创造"新物种"。这就是中国传统观念的精华—"超以象外,得其圜中"。

1999 年日本召开的大阪亚太国际会议上,日本松下的设计部部长大谈 21 世纪日本的洗衣机是什么样的?那么我们应该问问中国 21 世纪的洗衣机是什么样的？我觉得中国 21 世纪是要"淘汰"洗衣机，因为要解决中国 13 亿人衣服的干净问题，中国的淡水资源又是有限的，淡水污染的问题与洗衣服带来的污染等都是设计师需要考虑解决的问题，所以中国 13 亿人要解决"干净衣服"的问题，这是我们思考的东西，而不仅仅是洗衣机技术上的变化，而这就是我现在所提倡的"事理学"。解决问题就要做"事"，不是用名词思考，设计师是要用动词思考。

"工欲善其事，必先利其器"

"物"是有力的工具，是达到"目的"的保障，技术、造型，都是实现"目的"的手段，是被选择的；而"目的"则是做"事"。"事"是"物"和"技术"存在合理性的关系脉络。因此，设计的本质是在"事"的关系脉络里去研究、发现、理解，才能创造出合情合理的"物"。

"人们并不被事物所扰乱，而是被他们对事物的看法所扰乱"。同一事物，由于观察者的立场、角度、层次等不同，或着眼的动机、过程、结果、观念、方法、技术、工具、影响等不同，其结论完全不同。我们生存在一个系统的世界里，从工具、用具、设备、技术、工艺、流程、方法、组织、机构、社区、城市、环境、市场、生态，小到细胞、分子、原子，大到宇宙星系等，乃至观念、理论、实践、国家机器、社会、政策、法律、评价体系等，无不在各种层次的系统之中；各种系统又都融入整体之中。

任何具体的行为都是可见的、外显的，这仅仅是行为的一部分，我们还必须了解"行为的意义"。而这些包含着情绪、价值观等"非工具理性"，"价值理性"成分的行为往往让我们难以理解。因此，我们对人类行为的研究需要沿着"生物学—心理学—文化社会学"的路径逐步地深入，"深描"外显行为的内在规律，发现动作背后的意义。在行"事"过程中主体意识沿时间流动，"意义"随之产生。这样的意识还会在"事"结束后的反思性关注中产生"情感"与"价值"的判断。因此，在"事"的"意义"中还包含了"情感的产生""价值的判断"。

"事件"总是蕴涵着"意义"的。为了强化"意义"，人们可能把事的过程复杂化、精细化或神圣化，比如宗教、祭祀仪式、喜庆节日、正式的社交晚宴等。

"事理学"提倡"实事求是"

"事"是塑造、限定、制约"物"的外部因素。因此设计的过程应该是"实事—求是"。

设计首先要探索不同人（或同一人）在不同环境、条件、时间等因素下的需求。

从"物"的外部因素即从人与"使用状态""使用过程"的关系中确立设计的"目的"，这一过程叫作"实事"；然后选择与组织，即造"物"的原理、材料、工艺、设备、形态、色彩等"内部因素"，这一过程叫作"求是"。

"实事"是"发现问题"和"定义问题"，"实事"是"望、闻、问、切"，"求是"是"解决问题"；"求是"是"对症下药"。

中国的一句极具哲理的话："万变不离其宗，以不变[应]万变。"什么都可以变，你要喝水是不会变的，你要[洗]净衣服是不会变的，你要晚上睡觉是不会变的，需求[是]不变的，设计师一定要明白。完了再去万变，万变是[什]么？就是实事求是地去万变。万变不离其宗，以不变[应]万变，而设计师说我不懂，他就会跟时尚，跟时尚的[符]号，跟老外，自己就没有主意了，没有主心骨了。主[心]骨是什么？你必须研究透人到底要什么，人要的不是物[，]要的是解决问题，物只是实现你做事的一种工具而已[，]而不是目的。

设计是在讲述故事，在编辑一幕一幕生活的戏剧。物[只]是故事之中的"道具"，"目的"是为了让"故事"[更]顺畅，更有趣，更合理，更有意义。设计，看起来是在"[造]物"，其实是在"祈使性叙事"，在抒情，也在讲理。

工业设计思考、研究的起点是从"事"—在生活中观察[、]发现问题，进而分析、归纳、判断问题的本质，以提[出]系统解决问题的概念、方案、方法及组织、管理机制[的]方案。

"事"在沟通实事与求是。事情需要我们研究，事情研究透了，对物的定位就准了，也就能够解决如何看待"传统"的问题—事情变了，传统的形式肯定就不符合了，所以继承的不应该是形的表面东西，而是继承整个人活动的行为和人的精神，创造的是本质。

我提出事理学就强调"事"情，强调对外部因素的研究[，]因为环境因素决定人的行为。如果把外部因素研究透[彻]的话，"事"情的性质就定下来了，"物"的性质也就[……]

决定了，那么创造性也就出来了。人为事物还局限于事和物之间的平衡关系，事理学更强调对事的理解。下一步，我希望我的博士生就不光讲"事理"了，理再深一步，理并不是僵化的纯理性的东西，更多要反映情，往下应该建设一个"事情学"，就会更加完善。因为有"情"，更适合今后多元世界的发展。现在我们的创造力被束缚，就是太看重物了。看重物就只能是改良，舍去就很难，舍去就违背传统了。但事理学强调如果我把事情弄清了，这个东西我就敢于设计它，更强调新物种的产生。创造必须要有依据，要脚踏实地，并不是梦想，不是为了超越现实，而是解决不断产生的新问题，其中自然要有新的方法出来。

"事理学"中的时间与空间

"时间流"与"空间场"是事与物存在的两个维度；是"事"发生的背景。这既不是科学的语境，也不是艺术的语境，而是设计的"语境"。

"事"在时间中展现着过去，也预示了未来。传统、习惯、风俗、文化、历史、记忆、经验，都是我们曾经的过去，如设计师不理解、认识和尊重这些东西，失败总难免。"设计文脉"与"事"的时间结构上有着惊人的相似性：设计—"过去、现在与未来的统一"。

空间亦非仅仅是"事"发生的物理场所。空间原本无形，空间是被人赋予了目的、形式与意义的。在"事"的结构里，空间有着超越其物理层面的意义。特定的人物、布景、道具、氛围构成了不同的空间，人们的行为亦被

空间规范；人们需要在空间与行为之间找到适合的关系
在不同的空间下上演不同的人间戏剧，人们的角色、行
为亦被空间所塑造；空间与其说是个物理的场域，还不
如说是个心理、社会的场域。空间如磁场，我们的行为
心理与意识被磁化。

四合院是日常生活的空间，也是尊卑长幼、孝悌伦理、
纲常道德的社会场。现代家庭都有起居室，有的布置成
自己的精神空间，有的则布置成炫耀财富与成功的展示
空间。苏州园林是山石、树木、花草、亭榭楼阁组成的
休闲空间，也是文人雅士情趣审美的心理场。在视线封
闭的电梯里我们都会朝向门口方向站立，而在视线通透
的电梯里则不然。如果在自己的家里表现得像个房客，
就会让父母迷惑，但如果在别人家里表现得很随便也会
招来反感。

"事理学"中的人和物
人在"事"的结构里，人是核心。如果没有了主语，故
事就不成立。文化、社会、历史等大的概念都集中体现
在具体的、微观的人身上。

"物"既包括有形的人工物，也包括信息、服务等无形
的、非物质的人工产品；"物"是手段，满足了人的目的；
"物"是人精神的投射，但"物"反过来也影响着人。

"事理学"中的行为与信息
在"事"的结构内，行为与信息是联结人与物、人与外
部环境和目标之间的纽带，是人类文明赖以进化和发展的催化剂。我们每个人都是一个复杂的、开放的巨系统，是一个知识、记忆与幻想的综合体，是环境磁场中的一粒小铁屑，是经验清单的混合，是一个世界。在我们的日常生活中，沿时间轴从我们眼前流动而过的外部空间世界是一系列人、物、事件、话语、行为、意义等。

"意识里的世界"与"环境中的世界"每一时刻都进行着信息的交换、打散、重组、混合，而我们每一时刻都在进行着适应性的选择、决策、行动。

通过以上分析可以得出结论：在"事"的结构内，外部环境世界—"空间场"和"时间流"通过信息进入人的意识世界，主体内在的意识世界通过行为影响、改变外部世界。我们正是通过"行为互动"与"信息交流"做"事"，才与"物""他人""社会"在特定的"时间流"与"空间场"发生特定关系的。设计活动本身就是一种复杂的，但又是人类最本质的行为。这些行为都包括一系列信息、动作的互动、认知与反馈等过程。

研究器物的造型之美、工艺之精、匠心之巧的所谓"中国特色"的同时，更为深入地揭示出美中之真，美中之纯，精中之因，巧中之理，以启迪今天复杂世界的设计实践。中国古代先哲"因材致用、因地制宜、因人而异、因势利导"的精髓，才是我们要继承的中国传统！

"让光线穿透混凝土"之例极中肯！恰恰说明人类的设计智慧本身就是导引技术的灵魂，是巧妙地应用技术、因材制用、因地制宜、因势利导的设计智能，是典型的整合、集成、系统的创新。也可证明设计不是由技术创新决定的！人类的文明史无数次证明了设计是引领人类进步的本元！

生活中的美，物化在人类生活桩桩件件的日常用品与环境之中。在"事理学"的视野下，工业设计不仅仅是具体的产品设计，更是以产品为载体的"真、善、美"概念的创新，是遵照"事理"系统解决问题的方法，是人性价值与自然生态和谐理想的物化体现。于是，工业产品的每一个细节—元素之中，都无不需要浸润美学的价值概念。

所有的学科、知识、职业的分类都是人类为了认识世界、改造世界过程中的阶段成果，它不是静止不变的，事实上它是一直在调整、分化、完善中。"名""相"永远是暂时的，分类不是目的，只是为了更好地认识和解决人类自身发展的问题而设定的路径。

从设计的目的和意义的角度来看，我认为人类的知识可以分类为：

理科—发现并解释真理；

工科—解构、建构的技术；

文科—是非与道德的判断；

艺术—品鉴自然、人生、社会的途径。

这些知识都是人类认识的成果，而设计则是要做"事"，就好像上述四根支柱是为了支撑一个平台，就是为了搭建要做"事"的这个平台，以实现设计这个目的—它整合了上述所有因素，去创造人类更健康更合理的生存方式。也是人类未来不被毁灭的智慧所在！

方法论就如同是"剑道"，方法是具体的"剑招"—属于术；有了"剑道"—属于道！有了道就可以随机应变，在具体的情境下创造最佳的"剑招"或"剑术"。任何招式都会有破绽，在今天这个时代，凭借一招而打遍天下是不可能的。因此，我们主张领悟方法论而"忘掉方法"。有了方法论然后不断地去实践，在实践中创造方法，积累经验，获得知识。黑格尔说，理论本质上包含在实践中。设计是一门实践学科，所以说，实践是所有方法的归宿。对于那些提出"天问"的同学，我们可以给出的路径是：学习知识，理解规律，悟道方法，实践，积淀经验，再次实践……这是一条螺旋上升的路径。

于无路处行路。这就是"事理学"的理念所在。

我经常说，我设计的不是杯子，我卖的不是杯子。你要是设计杯子，你设计了 500 年的还是个杯子，画张飞的杯子，画林黛玉的杯子，有龙的杯子，有凤的杯子，黄金做的杯子，犀牛角做的杯子……但人实际上要的不是杯子。

客户要的是什么？设计思考的是不同人在不同环境、不同时间、不同条件下解渴的工具，这是设计师的思维。商人就是要好卖的杯子好做广告，吸引消费者掏钱。广告可以这么说，设计师绝对不能这么说，走到荒郊野外没有杯子你会渴死吗？你像狗一样饮水也不会渴死的。只用外观诠释杯子就说明你根本不懂设计。外观是结果，你去参加婚宴或国宴，你会用纸杯子吗？除了解渴以外，还有一个仪式感。所以本质是解渴或者体现你自己的身份，特定外因下的需求是设计的本质，而不是杯子。

我们设计师要干的就是在不同场合不同人不同条件下，解决"解渴"，那就不一定要杯子了。这才是真正的创新。我问幼儿园小孩，你出去以后怎么解渴的？那小孩说起来都比设计师强。我拿纸杯的、他拿瓶子的、你拿吸管的。所以说杯子不是目的，解渴、符合场所的、体现身份是目的。

外观是设计最浅的层次，设计师是要解决问题的。这就是我提出的"事理学"，就是做"事"，解渴的"事"在先；工具在后，是被选择的、被定义的。

其实中国人的传统精神是对的，中国人讲"事物"，事在先物在后。现在我们被"物欲"迷惑了。

再比如，手机，就是为了解决人们通信、记录、传递信息的问题，但也许再过几年，手机的概念就没有了，也许一个墙面就可以实现了。这才是设计，不是物是事，是解决问题。

Industrial Design
Thoughts in China
—
Foundation
—
100

基础一一

Industrial Design
Thoughts in China
—
Foundation
—
102

设计基础是整个设计学科的立足基点，是基础的基础；其次"设计基础"是整合形态基础、机能原理、材料基础、结构基础、工艺基础等课程知识与专业设计课程的有效途径；另外设计基础还是"钥匙"课程，其设计思维方法的训练贯穿造型设计练习的始终，也是发现、分析、判断、解决问题能力训练的过程，是专业设计程序与方法训练的预习，是掌握系统论素质的准备，是理解"工业化社会机制"概念的实践，是培养"知识结构整合"想象力的起跑点，是运用创造力，对工业化进行可持续性调整的实验。

综合造型基础是从理解形态的本源入手，因地制宜，因材施教，把这些基础不断融入四学年全部课程中，让学生牢牢掌握造型基础—"形式"永远是为实现"目的"而在组织协调材料、结构、技术、工艺之间关系的"组成"，而不是装饰与构成游戏。希望学生实在一些，不要学表面功夫，要学"元"设计，弄清本原，扎实学习基础。

要学习研究造型的原理和要素，理解形态存在的理由、形态之间的逻辑关系、形态的语义与寓意等，掌握造型要素之间互制、互动、共生的辩证关系；应用因材制用、因地制宜、因势利导的形态构成原则；注重人造形态的生态性、可持续性；实现不同"目的"（功能）之结构应实"事"求是地重构造型诸要素，以整合成新系统，创造新需求，开发"新物种"。在认识"限制"中，重组造型诸要素，实现"知识结构的创新"，这正是设计的本质、设计思维的意义。运用科学与艺术的原理，培养正确的思维方法，从发现问题、分析问题、归纳问题、判断问题过程中培养联想能力，以及运用原理、材料、构造、工艺、视觉等要素，掌握协调诸多矛盾与限制，从而提出造型创意，掌握实事求是地综合解决问题的能力。

设计要求将构成造型的要素—材料、结构、工艺、技术、细节等与形态、力学、心理、美学等原理结合起来，这与纯感觉的形态创造是有本质的区别的。这样在"限制"下的、学习型、研究型、实践型的基础训练，无疑是遵循"因材制用""因地制宜""因势利导""适可而止""过犹不及"等中国传统哲学思想的精髓，符合"科学发展观""可持续发展"的思想，也是"实事求是"的科学方法。这对培养学生创新能力，尤其对艺术设计学科创新特征的"知识结构整合"的创新能力训练十分必要。只有这样培养的学生才能得到创造性解决问题的思维方法，得到在程序中应用举一反三的实践，得到"眼、手、脑、心"综合训练的经历，得到在生活中扩延知识的能力，养成研究的习惯，以便顺畅进入专业设计阶段。

我们常说的形，形是一个三维的，它包括形状、尺寸、比例、材质、结构等。我们说态是什么？态已经不是形了，它表示人的心理的反馈，是四维性的，它能体现出你的感觉、认知和情感，而我们现在这个社会转型要往前走，它就不是四维的，它是多维的，它的形态是千变万化的，会由于人和社会交互的方式不同、沟通的方式不同、合作的方式不同而产生无穷无尽的形式，而这是我们要思考的。

"有目的的造型"是设计者必须恪守的原则。造型是一种语言，它传达了"无言的服务，无声的命令"。既是个性的显示，又融于统一的整体。这能使我们的"人为自然"既能丰富多彩又简洁和谐。世界是硕大无垠的，万物是五彩斑斓的，但又由于"分子""基因"作为其基本因素，以排列组合成无穷无尽的系统，适应了这又具统一性，也呈多样化的大千世界。

学生一开始接触形态就是个完整的概念，不是把形态和色彩、工艺、结构分开来说……设计基础不是单独讲构成或造型，是要跟材料、工艺、构造、技术整合在一起的。我们不讲功能和形式，因为功能和形式是分不开的。国内讲功能形式是从包豪斯翻译过来的，功能决定形式也好，形式追随功能也好，实际上很容易误导，所以我们讲整体。分析的"分"不是为了分，是为了整合，讲整体的关系。

设计师拿来一个新材料不是随便都可以用的，要对那个新材料的性能进行分析和调整，例如用在体育馆可能是一个参数，但是用在家居中可能就是另外一种参数。而这对材料生产领域就提出了难题，一个材料出来了，要考虑它的承重问题，它的连接问题，以及一系列的问题。

所以材料发展和设计的发展是相辅相成的。材料的使命是满足设计师选择的要求，但设计师的理念是要依据社会的总体评价标准的。这种需要是正向的。相同材料使用在不同的环境下就需要改变材性。比如过去木材在潮湿外因条件下耐腐性不好，就诞生了防腐木。为了节约木材资源现在出现了人造板，这就是一种需求导向，也是一种创新。那么我们的建材生产企业为什么不可以主动一点呢？建材企业可以多研究一下建筑，多研究一下结构，多研究一下生活，那么就会发现材料的一些问题，就可以主动为建筑服务。

关于材料课程在国内各大院校中都没有大的突破，主要原因是三个：一个是学工业设计的学生工科知识偏少；一个是目前工业设计的教师都较少做企业的实战实践课题，掌握的材料知识不足；一个是目前国际上材料科技发展迅猛异常，新材料层出不穷，多数工业设计的老师在这方面知识老化严重，研究提高相对不足，没能跟上当今材料发展的步伐。所以材料课应该怎样上，我们工业设计培训学院应该下大的力气大胆改革大胆实验大胆实践总结出一套切实可行的教学方法和课程体系，既让同学们愿意听、听得懂、有兴趣，又跟上材料变革的时代步伐，这是很难的。正因为有难度就给我们创造了创新的机会。

我想材料课是否可以这样来上，仅仅是我的一些想法供大家来参考。例如：我们可以发动同学就某一产品构成的主要材料进行分析、探讨、搜集。如线性材料我们研究什么是线？哪些材料能构成线？线的特性是什么？线基本上应用在哪些地方？不同材料的线有哪些不同的功能特点？引导同学们去检索、搜集。例如塑料线、铁线、铜线和麻线等都有些什么特征，包括物理特征、化学特征和线性特征以及它们的应用范围。我们把它们搜集起来，检索它们的主要构成与结构、分子式。然后把它们按照不同性质排列在版面表格上。经过后续几届不断地积累补充提高，对这一类材料我们就可以逐步地加深了解。

形态比例和尺度的问题是从"形"—技巧层面上提出的，没有去了解这些形态的背景。罗马万神庙的尺度是做什么的？那是供奉神的！肯定尺度要大，要夸张神的伟大。欧洲古典建筑是以神为本，不惜工本的。金字塔、古埃及神庙，这些建筑的比例，显出了人的渺小，神的伟大。这些归结为都是神的尺度。

柯布西耶讲究人的尺度，一定跟"人"要接近，但是当时强调封建时期的教堂，仍然会向公共建筑过渡，贯穿文艺复兴的痕迹，尺度向人接近许多。

威尼斯总督宫，已经到了文艺复兴的萌芽了，第一层是柱子，第二层是回廊、柱廊，第三层是贴着马赛克和大理石，有窗子。这三层在老远看非常清楚，横向的水平分割，不是纵向的夸大神。它更加像现代的建筑，不像围绕神的古代建筑。没有那么奢华，开始回归人的尺度，这个尺度是纪念人，是社会人的尺度。

包豪斯设计学院，"白房子"（weissenhans）就是学校和住宅，依据的是人的尺度。盖里的建筑是纪念碑的尺度，是他自己的尺度，他根本没有强调人的尺度。他要夸耀自己，显示自己。他可能讲究了城市的尺度，自己的尺度，但并不是人的尺度。我并不迷信盖里，他可能是建筑师出身但是过于炫耀自己了，做品牌去了。

包括天安门，长安街那不是人的尺度，是国家的尺度。现如今很多大学校园没有利用人的尺度，大宽马路的设计，让学生感觉和校园没有什么特别关系，学生要么在宿舍，要么在教室，几乎没有什么沟通和交流的空间。西方在文艺复兴之后，一直强调的是人的尺度。而我们一直强调体现权力、国家形象、城市地标，可那并不是人的尺度。

Industrial Design
Thoughts in China
—
Foundation
—
108

对于尺度问题，设计师都值得深思，再举个例子，家里10间房子，两层楼，又有游泳池，你可曾想过家庭成员有多少？一个游泳池一天要用多少水？一天游几次？水暴露在雾霾天气之下，脏不脏？你换不换水？要从人的尺度着想，并不是尺寸，要从人的心理和生理去着想。比如皇帝宝座的尺度，它是摆派的。宝座上不能歪着躺着，必须摆正了体现威严。高高在上，这是帝王尺度。再比如老板不愿意约下属到家里谈话，下班不愿意见员工。老板在办公室里面大班台后面的老板椅上，你就不敢同他大声讲话了。这就是老板的尺度。社会对人的认同，一切要从设计本源出发。

设计师不应该钻到技巧上，不能用单一的黄金比例考虑所有设计问题。室内要围绕人的尺度开展设计，卧室一旦比较大，床一定是要靠着墙，甚至要做空间隔断让床靠着，这样才有依托感觉，这就是尺度。

如果一个设计师只注重技巧，而没有思想，将来怎么会在历史上留下痕迹？对于社会发展、专业发展没有意义，反而把下一代带坏了。

Industrial Design
Thoughts in China

—

Tradition

—

110

传统——

Industrial Design
Thoughts in China
—
Tradition
—
112

我们思考这个问题，我们的祖先都说传统，咱们学的都是什么传统？什么中国红，什么宝相花、勾股……外国一搞符号，咱们全搞符号论，到底符号是什么？现在又是用户研究，又是交互设计，它的本质到底是什么？我们的设计到底是什么，我们中国永远在培养打工仔，我们为什么不能出现自己的引领我们设计的顶层设计？

怎样才是继承传统？诸如"唐装""汉服"，难道我们每天都能穿吗？所谓的继承传统，却总在中国元素上拘泥着。5000 年后，看咱们现在做出的东西是否是中国的东西，如果做出来那就是中国传统的一部分，那才是真正的继承传统。

法拉利和罗马柱式有关系么？卢浮宫与卢浮宫博物馆有关系么？不管哪个专业都在讲中国元素，搞一个祥云就算继承传统了。传统是批判性继承，传统是创造出来的，不是继承的。我们的祖先一直在创造传统，从古至今从没有停止过创新，必须要创造！目前要提出中国人的生活方式。围绕中国的生活方式做出来的风格，那才是新中式。

我们很多同学一谈起中国元素就往往围绕着老祖宗的东西不放。比如"如意""祥云""脸谱""中国红"等中国的符号贴在设计作品中就是有文化的、就是文化符号了？现在有些同学包括设计师常常把传统的符号贴在设计作品表面上，很突兀。因为脱离了时代背景的传统文化符号，牵强附会会失去当今的语境。

我们自己身上流淌着中华民族的血液，我们的身上有中华民族的"DNA"，有些文化是不知不觉地根植在我们灵魂深处的，不需要一谈及文化就找传统符号、找祖宗标签。

单纯地把青花瓷、故宫、长城等中国符号、元素生硬地贴到我们的设计作品中显然是不合适的。因为这些传统的、老旧的，甚至是帝王将相的元素大多数时候不能反映当时百姓日常生活的。如何巧妙地把传统文化的精神放在创意设计中是很有学问的。

卢浮宫，为什么说这个玻璃金字塔好？它跟文艺复兴的卢浮宫完全不是一回事，这就是设计师的创造，创造是研究人的需求以后明白的，因为卢浮宫不再是皇宫了，而是宝藏，藏在地底下，要让它见光日，所以弄出一个玻璃的"金字塔"，让阳光射进去，引人下去。你说这是传统吗？好像传统很容易得到大家的同情和支持，法拉利的跑车跟罗马的建筑有什么关系？

古代的大家庭，四世同堂，是解决婆媳妯娌矛盾的，要解决家庭矛盾。现在我们三口之家、四口之家能这么做吗？我们把它奉作经典，动不动就说中国的四合院好，翻篇了，这一页翻过去了，还不如 20 世纪 50 年代的大杂院，70 年代的筒子楼，邻里上班都不锁门的。这种社会关系现代没有了，都是门户紧闭，来了人以后猫眼看一看。

从奥运会、60周年大庆、世博会，又是广州的亚运会、深圳的大运会，我们都靠这些东西来给自己壮胆、鼓气，而这个要的就是脸面上的东西。造成了全国重视设计的一个重要原因是它们的推动，是好看是炫是酷。这引导了目前很多设计专业都这么转向，认为这才叫设计，而这些都是"过大节"。我总说我们不能天天过大节啊，过节一年就那几天，你穿唐装只能春节穿穿，结婚穿穿，平常穿着唐装上班，那不笑话你才怪呢。大家都沉浸在这个喜悦当中，一说中国红，中国什么元素，在这个婚丧嫁娶场合你可以尽量地表演。电脑弄个中国元素，可以弄个红电脑。现在很荒唐，空调弄个红的，搁在商场很醒目，搁在家里一个红空调，跟家里的色调完全不匹配。现在设计界，很多设计都在嚷嚷中国元素中国红，我觉得很荒谬，这根本不能解决中国化的问题。

纽约、伦敦、巴黎、东京的写字楼与"北上广"乃至三线小城市的写字楼的区别无非是休息时喝咖啡或喝茶！难道为了继承传统，用"文房四宝"办公传递信息？在宣纸上写诗、作图？
"创造人类未来的生存方式"的出路绝不仅在于发明新技术、新工具；也绝不是沉溺于所谓传统文化元素，闭门玩赏、悟道修养，这只能成为中国古代旅游套餐中的"博物馆"！或发达国家的"农家乐"！而在于善用新技术带来人类视野和能力的维度扩延，以改变我们观察世界的方式，开发我们的理想，提出新的观念、新理论。

我们究竟鼓励"穿越古代还是未来"？

我建议多向前探索，传统是过去的辉煌，而未来的挑战，却不会顾及我们的"悟道"！中国人一直靠极少数超脱凡尘的"悟"，而忽略了探索复杂世界的路径。传统的中华文明处于危急中，而立足于未来世界文化之林的中国文明发扬光大则更令人深思啊！

我们现在学习设计的方向，就应该有着这样批判地继承的精神—既能够将老祖宗的东西为我所用，又可以反映现在人们生活状态、结合当下人们的精神与物质需求，这才是好的设计方向。好的文化创意是对一个时代有大作用的创举。设计不仅仅是小范围的活动与事情，设计可以影响许许多多的人。

研究当代中国人的衣食住行用等问题，从中国的资源、所处国际环境，探索自己的生存方式，选择自己的可持续发展道路。这样的设计自然是当代的民族化，而不是博物馆式的传统形式，更不是西方式的文明。我们的祖先就是这样不断地创造了历史和中华民族传统和风格。历史对于现在来说是"昨天"，而今天对于未来也是"历史"，因此，我们不要从历史的现象出发，那是祖先当时的"事"和当时的生活方式的物化。从中国当代实际出发，不断创造"新的民族传统"才是设计的首先任务。

创造中国的"今天"，就是创造中华民族"明天的历史"。

"文脉"是意义的承接，技术与形式只能作为手段。而当我们过多地关注手段时，手段也就成了目的。"人们往往停留在通向最终价值的桥上却忘却了最终价值。"这是手段对目的的殖民。文脉是上下文的界面，而它更应关注的是下文，即创造新的文化。当文化存在的语境已改变时，我们便需要设计师去创造新的文化了。

中国的传统民居反映了"宗亲血缘"的人际关系脉络。中国的传统伦理便深藏其中。

器物—社会组织—观念，这三个层次交织于此，这就是"事"。文化三层次之间的结构关系：层层形塑、正负反馈、交感互动。"事"与"物"构成了人类生活方式的全部可见部分，加上不可见的观念、意义、价值等精神层面的东西，就构成了设计的全部意义。

当前经济全球化、技术潜能扩延、需求地域化、消费个性化，然而资源匮乏、污染严重，人类未来的生存方式的转型、变革正在酝酿。不仅经济，设计、文化、教育都将发生观念性的革命。而我们还沉溺于对祖先生活方式的缅怀中！并美其名为"传统文化"？

非洲艺术当然是世界文化艺术遗产大花园中的奇葩！但毕竟是过去形成的，它需要创新！昨天对今天来说是历史，今天对明天来说，今天也是历史！文化传统一直在积淀并创新，所以传统不是继承的，是不断被创新的！文化形成于沉淀，即已逝去的生活方式，在过去的地理气候、经济、政治、习俗、价值观等作用下的人们生存方式，即是存在决定了意识（包括文化）。所以文化成因最关键的是被时代渲染下的"地域"或曰"空间"。简言之，文化具有空间属性。说得再直接些，这一页是"过去时"，至多是"进行时"。过分注重文化，忽略文明，是很令人担忧的！

文明是时间进程，它有过去、现在和未来的轨迹，它是"空间"被"时间"定义的。所以不同时讲"文明"的"文化"起码是幼稚的，也是危险的！一个民族、一个国家不更关注未来文明的进步，将被历史淘汰！所以文化传统是在特定时间下被特定地区的人类创造的，一个有智慧的民族一直在创造文化传统，而不仅是继承！否则，人类会永远在树上。第一个猴子离开树到地面生存，肯定被大多猴子鄙视的，但猴子终究改变了被时间定义的生存空间，才有人类的今天。探索、研究未来才有我们中国未来的生存空间，千万别为了"点缀"餐桌上的调味瓶，而忽视了生存最根本的"主食"。就像你参观非洲博览会，你会被涂满色彩的非洲人敲树皮鼓跳舞而感动，但事后你留下的感叹——落后了！！！要被欺压、挨打的！

时代的变更使生活方式有了系统的变化，我们常常说传统元素、传统手工艺，其实大多设计师只是过多关注表面的"元素"而没能深入到系统中去，单纯将传统元素或传统手工艺的经验融入当代设计中无疑显得格格不入。但并不是说当代设计的发展不需要传统，而是指传统在当代设计中不应占有较大的比重，当代设计的发展需要我们去创造传统而不是简单地继承。同样，传统的手工艺如窗花、剪纸、砖雕等可以作为少数人的玩赏，但不能充当生活以及当代设计的主体。所以中国当代设计在与时俱进的同时，应该结合当下的社会背景，有保留、有选择地继承传统，真正优秀的设计是不会对传统的表面形式照搬挪用的。

你看我们出国的博览会，总是弄一个大红门，弄几个大灯笼，搞一帮手工艺作坊在那里编织。那是你祖宗的功劳，不是你现在的功劳啊。现在所有的发达国家所展示的文化是现代的，所有的落后的非洲国家跟我们的国家展示的是老老实实的传统工艺，能表示你强大？并没有表示强大，只显示了我们祖宗的文化。

连封建帝王都知道，以史为鉴，历史只能做一面镜子，能照到我现在做什么，今后做什么，传统绝对不是"照搬""肢解"，传统符号照着继承，实际上就死掉了。说个笑话，传统若是继承的，那么我们都应该回到树上去，从猴子做起，那是传统。第一个从树上下来的猴子肯定被掐死，但终于下来了，下来才进步了嘛。所以传统不能僵化，恩格斯说得好："批判地继承。"所谓的批判地继承是什么？我学传统是为了未来而学传统，而不是为了死人。传统必须要创新，才能有我们今天的这一代人。如果今天还在做昨天的事，那么今天就没有意义了。我们必须要这样看待创新，必须要走出我们自己的路子。我觉得咱们中央的口号提得很对——中国式的社会主义。绝对不是中国的封建时代的，或者中国 2000 年前的。现在要创造自己的新传统，再过 500 年 1000 年，这 20 世纪末 21 世纪初的创新，也成为传统的一部分了。我们走出一条新路子来，这就是我们传统当中宝贵的一部分。不能僵化在传统的纹样、传统的元素、传统的一些符号上喘不过气来。咱们现在说传统，中国传统知识分子是要穿"深衣"的，咱们现在谁穿"深衣"了？而穿短衣服的都是苦力，我们都成苦力了？不是。过年过节穿旗袍、穿唐装，不反对。而日常生活是一个高节奏的、信息化的、一个交互的世界，若今天平日攒"汉服"都挤不上地铁，所以不可能固守那个时代的传统符号，那个时代的要素是在当时系统中的一部分，不可能把那时代的要素放在现在的大势头里面成为我们生活的主体，那是不可能的。创新实际上就是现代人应该实事求是解决什么问题，把 13 亿人的住宿问题、交通问题、沟通问题解决了，那么这就是中国的传统的新创造了。实事求是地解决中国的问题，就是中国的传统。而不要去追求表面的，那是很荒谬的。研究中国当前实际的问题，把 13 亿人共同富裕的问题解决了，不再是少数人富，而是解决大多数人的福祉。这才是当代的、社会主义的、中国的传统，也就会沉淀下中国的 21 世纪、22 世纪的风格，我们的后代也会说，这也是中国的"传统"。

我们习惯把眼光放在人类自身的过去和现在，人类过去和现代的成就的确辉煌无比！

那么，未来呢？再思考一下，人类早期的穴居与当代的宇宙空间站的反差！埃及金字塔与图坦卡蒙陵墓、罗马输水道与卡拉卡拉大浴场、阿房宫与始皇陵、圣彼得罗大教堂与无锡梵宫、Las Vegas 与 LV 包等的奇迹伴随的都是残酷的宗教和帝王统治观念、制度和少数富豪的奢靡。

传统文化是一个由器物子系统、当时社会组织、制度和价值观三个层次组成的统一体。元素基本属于器物层面的，通过解读诸元素的关系、背景（材料、技术等物质基础和时代精神、社会结构、价值取向），领会其文化精神与元素的必然联系。通过元素的符号可以折射出时代精神、价值观和生产方式（生产力和生产关系），这就是文化的含义。当今的价值观、社会机制、生产方式都发生了变化，因而会自然创造出新的元素和符号，也就是会自然而然地产生新元素、新符号、新文化，再过几百年或几千年，也是中国的传统的一部分了。

传统是一个动态的积淀过程。它不应是人类在实践中所创造的以实体为形式或外观众多的成果、产品，如城市建筑、家具、绘画、用品等。这些是文化现象，不是传统。传统并不单纯地、直接地从实践活动的形式表达出来，而是这些人化了的物所体现出人类智力意向中的某种精神、风格、旨趣、神韵的凝聚。传统应是内在的，潜意识的；文化应是外在的，显露的。

传统是凝聚在物质性文化和精神性文化中的观念、意识、心理等，也就是审美情趣、思维方式、价值取向。传统离不开文化要素、因子。文化要素、因子依传统而延续，而传统是文化延续和凝聚为系统的内在力量。动态的文化现象、文化样式、文化类型以稳定的形式存在是因为传统精神在起作用，构成传统的外化。因此，传统是作为动态的文化中的稳定力量。文化的要素、样式、方式并不就是传统，而是多维的、生长发展中的传统结构的外显形式。因此传统与文化的关系既有互补互济的一面，也有相互冲突、相互排斥的一面。这些作用构成了传统与文化在历史进程中的顺向性和逆向性制约。

在认识设计的文化这个似乎新问题时，我们在弄清上述前提后，就不至于把工业设计视作工艺美术的敌人，甚至是民族传统的异端邪说，只会客观地承认两者之间在时空上的同异。传统也并非仅具有稳定性、保守性、固定性的一面，传统在与文化的对立统一中，同时也在自身的对立统一中不断更新、变异自己的内涵。传统经过一番自我调节的阵痛之后，才能够顺应文化或时代的发展。

人类的"物的人化"活动和"人的本质对象化"的活动足迹和发展趋势应受制于人类对自然的认识和对自身的认识。互补性、整体性、系统性、深入性制约着这个正、反双向的反馈过程。抱残守缺、以名责实是违背认识发展的规律的。

明清以来，中国的生产力并不比唐宋强大。在宋朝萌芽的科学发明与设计，到了明清已是强弩之末了。这一时期的工艺美术却日臻化境。景泰蓝、金银编织等手工艺饰物，开始大大超过停滞不前的机械设计。这一上一下，决定了中国近代史的命运。

也许从表面数字统计上看，明清的生产力要远比唐宋强大，然而从封建社会的生产力实质看却是另一回事。唐代已经达到中国封建生产力最成熟的顶峰，到了明代已经出现资本主义萌芽，但封建的经济基础和上层建筑却扼杀了这棵代表先进生产力的幼芽。从这个意义上来说，也就是从本质上来说，明清已是强弩之末了。要是我们有这样的理解事实本质的习惯，不为表面现象的丰富所迷惑，中国的事情也许会好办些。这就是我们常说的"由表及里，由此及彼"，然而在系统论的信息时代，我们许多人却还徘徊在小生产的狭隘胡同中，看不到新生的势头，看不到现象的本质，这本身就是方法论上的时间差。

发展文化产业是为了增强国家的软实力，即"核心竞争力"。试想一个大国经济主体的"经济价值增值"靠的是浪费资源、污染环境、廉价劳动力，能谈什么文化产业？而且，文化产业就是为提高国家的创新潜力的。所以发展工业设计是文化产业的前提。文化产业也同样要设计！

不能简单地看文化创意产业，也不能简单地看保护传统。日本做得好，要保护的东西，绝对保护，手工艺人绝对是手工艺人，他在农村就要在农村，绝对不能集中到一个工厂，一到工厂手工艺人的"根"没了，用机器加工的工艺只能使手工艺变味，也不可能被保护了。这个要绝对保护，国家要出钱，纳税人要出钱，要保护原生态绝对不要其发展，一发展反倒没有了。更重要的是，要发展的是什么？是21世纪中国的民间艺术！这是我们要思考的。就像学校里的老教授在20世纪八九十年代的时候就嚷嚷说，现代的大学生不行了，连毛笔字都不会写，现在连钢笔字都不会写了，光打键盘了嘛。我说老先生，您老能用青铜刀在龟甲上刻字吗？社会退步了吗？我们不能这么简单地看。作为专业技巧你要学会写字，这个没有错，但是你嚷嚷把它当作洪水猛兽，现在年轻人不会写毛笔字，提笔忘字光是打键盘了，这个恐怕是挡不住的啊。你可以保留，但不可能改变。过去互通一封信，要往返一个月，现在是信息时代，打个短信发个e-mail，几毫秒就到，你说这落后了吗？不能这么简单地看。必须要往前走，民族才有希望，不能老固守在传统里面，那这个民族就没有前途了。

心态要开放。有一点应该清楚，咱们不能简单地分成"东西方"，不要简单地分成姓"资"姓"社"。邓小平说得很清楚，市场经济它不只姓"资"，市场经济可以拿来作为工具。资本主义应该说也是人类文明成果中的一部分，我们要拿来为我用。人应该想到我们姓"人"，而不要光姓"东"、姓"西"，包括"西学东渐"，这个说法都不确切，都是民族自卑感的一种反弹。我们不行了，我们使劲儿坚持自己的，就怕人家说不行，是给你自己壮胆的。真是一个泱泱大国的话，胸怀应该很大，

像唐代一样，融合，有容乃大，在中国自然而然就形成
中国的东西，绝对不会成外国的。中国人要解决自己的
问题，外国的东西慢慢地就会被消化掉了，而不会简单
地复制在这里……我们不可能抱着"祥云纹""斗拱""唐
装"成为文化大国的，我们必须解决 13 亿人口大国的
可持续发展的问题，去创造中国的社会主义的新文化。

作为从事设计实践的人如何对待历史与传统呢？我们不
能只为过去人类创造的辉煌文明而赞叹，更需要从历史
中领悟出那创造文明的设计观念，才能站在巨人的肩膀
上走向未来。这正是我们研究历史的责任和目的所在。
历史是一面镜子，在人类文明史这面镜子里，由于时代
的变迁与更迭，它所反映的是不断变化与发展着的人类
文明的总概念，而不同的观念相互矛盾，相互补充，又
形成了人类历史的总和。这是一种多元的"共生现象"，
是符合历史的客观规律的。不同的观点从不同的角度去
进行探索，开拓新的领域，引起讨论，甚至争议，这必
然使我们的认识不断深化，并有所创见，取得进步。

用现代艺术家与现代科学家作类比，非常适宜于描写当
代科学的世界图景。现代艺术和现代科学两者都同时诞
生在 20 世纪最初 10 年间。同过去的时代相比，这两
者都失去了它们表现手段的直观明确性。当今自然科学
所描绘的世界地图完全同当代许多抽象艺术家的作品一
样，"怪诞不经"，使市井平民感到怀疑、神秘和离经
叛道。20 世纪的艺术家与科学家研究相同的问题，甚

至在细节上都一样。例如立体主义的理论家们常把立体主义的风格同相对论的空间—时间观念联系在一起。艺术家与科学家的不同之处往往不在于他们的目的，而仅仅在于他们彼此的方法，两者都寻找对现实的理解。只有把艺术与科学视为人类的一双手，才能真正地对自然和人类做出解释。形象思维是一种定性认识，逻辑思维是一种定量认识。运用方程式的工作方法之所以被科学家偏爱，只是它不易受文化偏见和感性偏见的影响；而运用直觉的类比法受艺术家偏爱，是因为文化的积淀更能反映出人对自然、对社会的观念和道德规范。就如对万里长城或巴黎圣母院的认识，光知道它们是用多少砖石叠砌而成，只能反映当时的技术成就。反之，光知道两者的雄伟及当时孟姜女、钟楼怪人的传说，也只能了解其历史及文化背景，不足以说明其价值和对它们实质的认识。只能从这两个方面去理解，既知道当时社会的生产力与生产关系，也了解其文化、宗教、伦理道德，这才能说真正理解它们在人类历史进程中的意义。而它的产生正是设计的力量—科学与艺术的综合。

以木结构为主的混合结构的中国建筑传统风格是完全不同于西方古典建筑的。它的形成、发展是在封闭的封建社会相对稳定时期。漫长的中国封建社会历史使中国木结构建筑风格得以充分完善。古代中国的技术产生得极早，中国木结构建筑形成于春秋战国，相当于欧洲的古希腊时代。史书记载的阿房宫不比雅典奥林匹克亚宙斯神庙的规模小。宙斯神庙用了 360 年才完成（从公元前174年到公元132年），而阿房宫是秦始皇统一六国后，只花了11年便建成（公元前221年至公元前210年），同时还修筑了万里长城、渭水长桥、骊山陵、驰道等。这说明当时中国人已找到了建筑技术中最合理、最经济的构造。这种木结构节约材料、节约劳动力、节约时间，可以标准化、定型化制造，可以在广阔的工作面同时施工。这是一种经过选择和考验而建立起来的技术标准。它的框架结构及柱网原理，西方到19世纪末才被认为是合理、经济、科学的，从而被采用。西方现代建筑正是在这个中国人早已标准定型、长期应用的原理上发展起来的。中国的木结构的缺点是不能长久保存下来，而中国古代的价值观念正好与西方的价值观不同。建筑对古代中国人来说，并不是作为永恒的标志，因为中国的哲学不是"神本"，而是有节制的"人本主义"。中国几乎没有宗教的狂热，这与以宗教建筑为骨干的欧洲建筑完全不一样。西方建筑着眼创造一个长久的环境，宗教的狂热驱使人们世世代代为金字塔、神庙、教堂献身；而中国建筑着眼于当代天地。历代的统治者除了唐代、清代外，都重修都城，谋求自己时代的天地。罗马的圣彼得罗大教堂用了120年完成，成为永久性的宗教圣地，至今还是罗马教皇国的圣殿。汉代的长乐宫规模之大竟占了汉长安城的四分之一，在汉高祖登基后4年开工，2年后便完成。

数千年以来，人类创造了光辉灿烂的文明，无论是上古时代的工具—石斧，还是当今人类遨游太空的穿梭机，都是人类为了适应环境、改造自然而在创造今天、设计明天。从人类最幼稚的设计动机—为了生存、温饱到有计划地开发宇宙的奥秘，进入人工智能时代的宏图大略都是人类认识世界观念的反映，即人的本质力量的对象化。当然，人类认识世界、改造自然的观念是从低级到高级，简单到复杂，单一到重叠，连贯到网络发展过程的总和，也是不断创造的结果。如果没有人类积极主动地创造观念，而仅有生物界的动植物适应自然的进化，则不可能实现人类从动物中的分化，更不能有人类今天文明的出现。没有观念为主导，就没有人类与动物的分野，也就没有创造。马克思主义的自然观的特点之一，就是把对自然的认识同劳动实践联系起来，认为劳动过程使人的本质力量对象化。马克思所说的劳动实践，即是人类的设计观念与创造过程。

陶器的发明，标志着新石器时代从游牧到定居生活方式的演进；青铜器是奴隶主统治的象征；铁的应用是对封建社会的接生婆……电脑的问世迎来了信息时代，它给人类的生活和工作带来的影响将是空前的。我们说"设计是生活方式的设计"，其含义不仅是指物质生活的一面，它还是精神世界的反映。工业时代的设计必定反映了这个时代的特征与以往时代的传统，既是人类迄今为止的技术、文化的结果，又矛盾于工业时代与自然规律和人的自然属性之间。这些成果与矛盾，就是设计新生活方式，即创造未来的"能源"与动机。作为设计师，必须认清这个历史使命，只沉溺于过去，消极地继承传统，就会被历史淘汰。传统是相对于现在与未来的，否则，传统就无意义。当然，没有传统与历史，也不会有人类的今天。从矛盾的另一方面看—矛盾的主要方面，不着眼现代与未来的创造，那么对未来来说就不存在传统的延续与发展，历史也将会中断。所以研究传统是为了创造，没有创造就没有传统。

一个时代的价值观念是这个时代的经济基础、社会意识、文化艺术的集中反映。它是传统—即在它之前的经济基础、社会意识、文化艺术必然的延续。继承传统是顺乎自然，然而为明天创造新的传统又是历史的必然。改变旧价值观念后形成的新价值观念带来了社会的进步。这是改革自然，是对人的智能、主观能动性的发挥。这两个方面的人类文化活动促进了历史的延续、进步，创造了人类社会的历史与未来。

人们容易认为科学是一种理性的过程，因此是可以描绘的，而直觉是不能描绘的，因此应当置于科学之外。当今的文化莫名其妙地培育了一种未经证实和不符合客观的信念，即由于人类为了认识世界和自身，将知识分成了科学和艺术，或分成了数学、物理、化学、生物、天文、地理等以及文学、绘画、音乐……进而在管理体系中也相应设置了各种行政机构来协调管理国家，于是人类就分成了科学家、艺术家或数学家、物理学家、化学家、生物学家、画家、音乐家、文学家等。这种分类的做法是为了达到认识世界的目的，但当这种分类一旦限制了我们更完整地认识世界和人类自身的话，那么分类法的改进和完善就是我们的当务之急了。

产品不再仅仅是一些越来越多地依据技术标准、功能需求和商业性质制造出来的东西，而成为具有时代精神风貌的一般日常生活环境。它们屈服于理性主义和非理性主义之间的紧张关系和严谨的逻辑与心理需要之间的矛盾。所以人所制造的物的结构和形态，只能从它那个时代来理解。反过来，这些产品帮助我们去理解它那个时代的方式、它的愿望、态度和失望以及它的形式烙印。从日用品中可以清楚地推断社会的观念以及它们哲学的意识形态等诸多背景。我们过去和现在的工业制造，不仅仅是作为技术造型发展的表面特征，而且是一种多层次的、非常综合的、常常也是极矛盾的文化现象。

人类进步的每一里程碑都是对自然、对自己认识水平的否定，也是从不同角度、不同层次对祖先、对权威、对功利、对已有的"名""利"的否定或重新解释。人类的优点和缺点都是想改造周围的一切，而且已经和正在塑造着第二自然。随着时代频率的加快，越往前走，动量越大，可能遇到的"陷阱"就越多；习俗的惯性、眼前功利的诱惑也就越大。与其让"蛇和苹果"蛊惑，不如学会科学地思考，历史地、系统地、辩证地对自然、对自身进行认识，自觉地从正、反双向反馈来审视已有的成果和观念。

Industrial Design
Thoughts in China
—
Service
—
132

服务一一

SERVICE

Industrial Design
Thoughts in China
—
Service
—
134

今天看来，设计师将越来越成为"一起设计"的组织者和推动者，他的职责是综合各方意见并转换为可执行的方案，并能预测阻碍创新的关键环节，提前做出准备。对于服务设计和交互体验设计方向，则更不依赖传统工业设计技能，设计师的价值应该在于组织创新活动，帮助团队突破关键问题。

服务设计落点在服务上，已经大大扩展了设计的内涵，不知道是不是设计师还能控制得住。概念是从米兰来的。最初是从谈论物质设计向非物质设计转向开始的。美国同时期是从谈论体验经济到体验设计。

如果把设计定义为"创造人类健康、合理的生存方式"的话，"服务性设计"就是设计的最高层次，是人类进入可持续发展阶段的必然境界。"服务性设计"就是设计的最高层次，是人类进入可持续发展阶段的必然境界。我于20世纪末首先提出服务性设计特点之一是"提倡个人使用，而不提倡私人占有"，中国古代早就有"留有余地，适可而止"的哲学思想。服务性设计不仅解决当前的人类生存问题，还要思考人类下一代以及未来人类生存、发展的可能。"适度设计"正是人类社会可持续发展的保障。

"适度设计"就是为人类创造合理健康的生活方式。即"实事求是"地解决问题，因材致用、因地制宜、因势利导、适可而止地为大多数人谋利益。什么是"适度的生活"？我们对于生活的见解，常常因为新事物的出现而改变。新事物的探索路径常常是由于我们的追求变向而转弯，人类会经常在追求生存目的的途中，沉溺于技术或手段的陷阱不能自拔。我们经常处于这种潜在的相互制约当中，我们沦陷了，几乎忘掉了自己心中一直尊崇的生活理念。不适度的生活让我们眼花缭乱、身心疲惫，但我们还马不停蹄地追求着，却始终被先锋的脚步甩落在了后头。

我认为"设计不仅仅是生意，还应为人类可持续生存繁衍担当！"工业革命开创了一个新时代，工业设计正是这个大生产革命性创新时代的生产关系。但这"存在"的另一面，功利化的工业化经济迅速地被大众市场所拥抱，从而孕育了人类"新"的世界观—为推销、逐利、霸占资源而生产，这似乎已成为当今世界一切的动力！？但是工业设计的客观本质—"创造人类公平地生存"却被商业一枝独秀地异化了！

然而，人类毕竟不仅有肉体奢求，人类还有大脑和良心。人口膨胀、环境污染、资源枯竭、贫富分化、霸权横行等现象愈演愈烈，但毕竟还有一些有良知的人士逐渐意识到人类不能无休止地掠夺我们子孙生存的资源和空间。当今科学技术的发展如火如荼，科技给人类带来福祉的同时也带来潜伏的灾难。人类的未来难道就蜕变成只有脑袋和手指吗？科技绝不是人类生存的目的，仅仅是手段。我们常常会在追求目标的途中被手段俘虏了。科技不是目的！它仅仅是被人类实现目的而需选择、被整合的手段。但商业唯利是图的诱惑太让人难以抗拒了，这个世界到处醉心于商业模式，具有生命力的设计创新都被利润扭曲了，继续在诱引人类无休止地消费、占有！

"服务设计思维"在全球虽仅有 20 多年的发展历程，但在全球产业服务化的大趋势下，服务设计作为一门新兴的、跨专业的学科方向，已经或正在成为个人和组织在服务战略、价值创新和用户体验创新等层面迫在眉睫的需求。我们倡导中国设计界、学术界和产业界以及具有共识的组织，结合中国文化与社会发展实践，共同建构中国特色的服务创新理论和方法，以"为人民服务"为宗旨，共同开启中国服务设计的新纪元。但是当前世界领域的服务设计基本仍局限于为逐利的工具、技术层面的探讨，至多是策略层面的研究，仍以商业牟利为目的，忽略了服务设计最根本的价值观—提倡分享的使用、公平的生活方式！这个价值观的升华才是已发展了百年多工业设计真正的归宿。既要发挥服务设计是创造和拉动中国市场和社会进步的新的强大力量；也要运用服务设计是联合现代科技创新，实现共创共赢的新的有力工具；还要将服务设计作为中国乃至世界文化和产业的新活力。但是服务设计的根本目的绝不能忽视！否则我们会舍本求末。

服务设计诠释了设计最根本的宗旨是创造人类社会健康、合理、共享、公平的生存方式。人类的文明发展史是一个不断调整经济、技术、商业、财富、分配与伦理、道德、价值观、人类社会可持续生存的过程。服务设计聚焦设计的根本目的不是为了满足人类占有物质、资源的欲望，而是服务于人类使用物品、解决生存、发展的潜在需求。这正是人类文明从"以人为本"迈向"以生态为本"价值观的变革，所以分享型的服务设计开启了人类可持续发展的希望之门。

寄希望于中国设计界的有识之士，端正对设计目标和价值的认识，规避"跟老外"、追时髦、一窝蜂、跑"部"向钱的陋习，认真、踏实、实事求是地研究中国国情和中国百姓的潜在需求，探索中国社会全面发展的路径，真正发挥设计对科技、商业的博弈功能，尽早实现中华民族复兴。

Industrial Design
Thoughts in China

Responsibility

担当——

RESPONSIBILITY

我们的世界仍是人类安排的世界。人类的优点和缺点都在于改造这个世界，既然我们注定要改造这个世界，那么我们就把这个世界最美好的精神铸进我们的生活。

下面我要讲一个比尔·盖茨和他夫人梅琳达·盖茨在南非的故事：

美国太平洋时间2014年6月15日，一个微风习习的早晨，斯坦福大学体育场，2014毕业典礼隆重举行。1678名本科生，2313名研究生，1006名博士生被授予学位。比尔·盖茨和他夫人梅琳达·盖茨双双换上了学士服，站在了演讲台上。这是斯坦福大学毕业典礼上首次出现两名嘉宾同台演讲。

盖茨夫妇提醒学生们要正视贫困和疾病等问题，而不要一味逐利。单纯以营利为目的的创新无法解决当今世界所面临的最紧迫的问题。他们鼓励毕业生用乐观的精神和同情心，通过切身感受贫困和患病人群的生活，并运用自己的知识和智慧，让世界变得更美好。

盖茨说："第一次去南非时，我大多数时间都在首都约翰内斯堡的市区开会，我住在南非最富裕的家庭之一。第二天，我去了约翰内斯堡西南的一个小镇，那里曾经是反种族隔离的中心。尽管从约翰内斯堡到索韦托路程不长，但从进入索韦托的那一刻起，一切都令人无比震惊。我觉得我来到了一个和我所来自的地方截然不同的世界！从那一刻起，我发现自己真是太天真了！"

比尔·盖茨当时去那里是为了捐赠电脑和软件的。但"我很快意识到那里不是美国。那里的人们住在用铁皮搭成的简陋棚户里，没有电，没有自来水，也没有厕所。人们几乎不穿鞋，光着脚走在街上。实际上，那里根本没有街道，有的只是坑洼的泥土路，在那里，我体会到了真正的贫困，而不只是以前看到贫困数据那般。由于当地没有持续供电的设施，所以必须使用柴油发电机供电。"

"看到这番景象，我知道一旦记者离开，发电机就会被用于更紧迫的任务。那里的人们的困难根本不是电脑所能解决的。在索韦托的经历对我来说是一个里程碑，以前我认为自己很理解这个世界存在的问题，可那时我才明白我忽视了最重要的问题，我不停问自己'你还认为创新能解决世界上最棘手的问题吗？'"

比尔·盖茨谈到他眼中的悖论："现代社会拥有无与伦比的创新精神，而斯坦福大学正处在创新的核心。斯坦福孕育了许许多多的新公司、各行各业的教授、创新的软件和药品。这里的人们对未来充满渴望。可是与此同时，当你去问美国人是否觉得将来会比现在更好，很多人的回答都是否定的，他们觉得在未来，机会越来越少，不平等现象将越来越严重。"

"如果创新仅凭市场驱动，我们都不关注不公正现象，那么我们的重大发明将令世界的两极分化更加严重。无论我们掌握多少科学秘密，都解决不了世界上最棘手的问题，我们只是在玩智力游戏。"

适度设计的精神—"使用而不是占有"，想让生态、保护、培育、有机、再生等普世观念在人类家园中落地生根、开花结果，体现了人类对于自我的忠实，对未来的负责。人们对它们的选择，也折射出一种祥和的审美情趣。设计理应成为推动人类社会的经济、科技、文化、教育和社会结构转变的"整合与集成创新"。

"适度的生活，适度的设计"—与大自然和谐共生的生存方式，这正是当前人类面对的严酷的地球资源、环境污染、人口膨胀的复杂现实所做出唯一可选择的态度，这正是科学发展观和绿色的、可继续发展的必由之路。

我们生存在一个极复杂但又极具结构的系统的世界里，各种系统又都融入人类社会的整体结构链之中。

当今世界的消费文化是对物质产品的过度依赖，以及对强势文化的盲目趋从，使人们渐渐远离了滋养文化的自然本源和自身文脉的传承。而文化建构的更深一层含义是人类的反思和自觉。对于产品的制造者—企业来说，除了资本意义上增值以外，它承担不起更多文化以及环境上的义务；而设计的责任和设计的伦理就必然要将产品创新开发的重点导向人的生活方式和文化的研究及创造，这是任何人类社会生存和持续发展所必须具有的催化剂。

努力培养人们开始去拥有一双寻找适合自己生活的东西的"眼睛"，有节制、理智地去消费，在理智地挑选适合自己生活的东西的过程中，体味生活过程的丰富性和充实感，发扬"栖息"之道的精神，努力提倡可持续生存的价值观。

时间终会将产品表面的修饰逐渐褪去，时间能让人们在花花世界里的舟车劳顿之后，审视内心。当你真正找到自己发自内心的需要的时候，会自然而然地喜欢那些朴实、诚实、简单、实用的东西。因为当我们足够自信的时候，再也不需要利用品牌来提升自己的所谓的身份，这种态度便成了一种处世哲学。但是很多人却试图利用某些产品的商标来给自己贴上标签，并试图用标签来完成所谓"身份划分"。研究"栖息"之道，找到合适的产品，消除让产品扮演身份识别和身份划分的角色，还原了产品的本来面目—产品是解决日常生活问题的，是关乎使用者的生理和心理与"物"的关系的问题。

中国"加工型制造"企业的本质基本是被发达国家的全球产业链所定位的，是靠廉价劳动力、污染环境、浪费资源获得 GDP 的，代价大且不说，最负面的惯性是企业为了 GDP 的提升，急功近利，忽视基础研究，忽视人才培养，缺乏原始创新积累，更麻烦的是企业管理系统上研究、原型创新机制的空白！

欠缺的是转型机制观念上的滞后，忽视"人才梯队"储备、"专利体系"的架构，只追求"工具"层面的设备、技术的引进，从追求订单到追求技术、醉心于靠广告宣传打造"品牌"，没有在社会型产业链前提下的行业有机配套，没有企业实事求是又准确的定位，没有原始创新积累，没有"专利体系"概念，没有一支以设计师为核心、能协同配合的人才梯队，没有以基础研究作为基础的生长型的、集成型的系统创新。

当下的世界面临着经济、社会、环境和文化等严峻挑战，只有通过共享、信任、创新和跨界思维，才能把挑战转化为机遇。大数据时代的制造业将会如何？未来的国际战略布局和社会形态将给我国什么启示？

"创造人类未来的生存方式"的出路绝不仅在发明新技术、新工具，也绝不是沉溺于所谓传统文化，闭门玩赏、悟道修养，这只能成为世界文明的"博物馆"！

要保证我们的科学思想的成就能造福于人类，而不致成为祸害，就必须在赞颂人类过去与现在的同时审视人类的责任感以面向未来，才能从人类历史文化宝库中更为珍贵地升华，这才是真正的"人文精神"！它能激起我们对人类追求单纯、和谐、美好的智慧，在人类继续进化过程中陶冶我们内在的潜能，善用新技术带来人类视野和能力的维度扩延，改变已有的度量标准，以改变我们观察世界的方式，开发我们的理想，提出新观念、新理论，创造还未曾有过的生存方式。

"研究型""协同性""生长型"的设计将是未来设计的立足之本。设计应是我国创新、振兴、强国，除科学和艺术之外的良知、智慧和能力。

马云再"牛"能把中国的机械设备卖到德国去吗？在中国汽车下线的时候，韩国还没有汽车工厂，但现在满大街的"现代"和"起亚"？

沉溺于表象—"品牌"—它就像一个谎言。中国真正强大的标志，不是在全球超市的货架上，不是在亚马逊网站和阿里巴巴网站上，而是在德国、在美国的实验室里

我们真正是要实现的"梦"是什么？习近平总书记讲的是"中华民族复兴之梦"，而不是13亿人的"发财梦"！当企业只为谋利，这个企业想要的"名牌"之誉就简直是痴人说梦；当"商业策划"是仅以营利为目的，则这个社会还停留在蛮荒弱肉强食的蒙昧纪元。

有一个调查显示：美国100强的CEO的书柜有超过90%的书籍都和经济基本无关。这有些令人意外，本以为企业家对经济、管理、财务最有兴趣。而中国一家图书公司也发现，现在中国企业家越来越不喜欢看企业管理的书，反倒喜欢看宗教类、心灵类、哲学类的书。

那么，企业家焦虑的本质是什么？"商业"与"哲学"有何关联？

大数据时代就真的只有数据才重要吗？大家思量一下：我们在商学院学的那些东西到底跟一个企业关联度有多

大？有很多杰出的企业家，他们不是读了商学院才成为老板，是因为做了老板才去商学院。

沃尔玛秉承的商业理念是什么？就是"己所欲，施于人"。他说你建一个商店时，你最想得到什么？是"物美价廉"，就是用最少的钱买可信任的好产品，这就是沃尔玛的经营理念，这是一个古老的真理，然后在这个商业里头全身心地去应用与践行。

《道德经》中有一句话，叫"天下皆知美之为美也，斯恶也"。

在股票市场上人人都知道这是一只好股票的时候，它一定会害人的。天下都知道"仁义道德"是很好时，就一定会出现很多的伪善，就会产生"假仁假义"的骗子。当天下都知道这个东西是很好的时候，一定会趋之若鹜，它就一定会变味。

所谓的人类社会中的"商业"，其本质是将产品通过商业流通进入用户手里的一个环节！只不过是人类社会真实问题在商业领域里面的某一些反映。

那么，你觉得现代商人焦虑的本质是什么？他们最大的问题源头在哪里？

作为一个企业家，关心的是商业牟利问题，但往深层去想，他的真实焦虑、真实困惑往往不是商业的，而是人类社会最基本的那些焦虑。当企业只知唯利是图，不顾信义时，这种"商业策划"就还停留在人类蛮荒时代弱肉强食的蒙昧纪元，这怎能与五千年文明的中华民族相配！

在每年一次的世界最大、最全的德国汉诺威工业展巨大的展览中心，好的位置都是被发达国家和新兴的发展中国家所占有：ABB、西门子和每个行业的龙头企业，以及土耳其、印度和前东欧的国家，他们占地 60 ~ 500 平方米不等！而 MADE IN CHINA 分布在每个展馆的最边、最没人气的位置，没有大的摊位，90% 只是 3m×3m 或 3m×4m 的展位。

"中国制造"在工业 4.0 的高科技展馆里找不到！在 7、8、9 高科技展馆里，上百家公司各种机器人的表演，让人目不暇接、眼花缭乱！转遍了整个展馆，却没有看到一家中国的公司在这里参展！

为什么几年前"中国制造"，还是许多国家、地区和企业的首选，可现在却被嫌弃、被冷落、被边缘化了呢？我认为原因有以下几点：

1. 急功近利，缺乏长远的发展规划，GDP 挂帅，缺乏对"制"的消化，只满足加工型的"造"，没有心思搞科技、创新、技术改造、新产品的研发、潜心搞科研。

2. 人心浮躁，不注重学习，不注重人才和系统机制，今天种树明天就要乘凉，没有钻研心精神，缺乏精益求精的态度，技术研发、管理和技能缺乏传承，只重"牌"不重"品"的品牌战略。

3. 缺乏道德、诚信和责任，道德、诚信、责任的淡化。

4. 夜郎自大，投机取巧，缺乏国际的大视野，好大喜功，报喜不报忧，弄虚作假，言过其实，个别的指标可能达到了国际水平，但总体还相差甚远；模仿抄袭成风，知识产权保护不力。

5. 教育、科研与企业的衔接太差，忽视育人和扩展知识的能力，"跑部向钱"，见利忘义，学风不正，虚报科研项目，"量化、显示度"的评价机制，没有对有"风险"的新技术、新产品的投入机制。

我们这些年出现的"诚信危机、道德危机、人性危机"，最终反映到了我们在国际市场的"形象危机、产品危机、制造危机"，我们将被边缘化，"中国制造"岌岌可危！

在经济全球化和技术进步的今天，设计是国家和民族的方向和希望，其前景必然是光明的，但当下纷乱的国际环境不允许我们花费太长的时间来等待中国设计走向成熟，所以我们要尽量少走弯路并迅速崛起，这不仅需要学术界和媒体界来充分引导当代中国设计的发展，也需要设计师能认真做思考和研究，对设计要具有一定的社会责任和原则。

商业是唯利是图的，其目的是在不触碰法律的前提下谋取一定的利益，而设计不仅仅具有商业性，甚至在一定程度上会制约商业的发展。但过多注重商业目的，宣扬个人趣味，宣扬奢侈、以享受为目的的设计注定会沦为商业的奴隶。成功的设计应该促进文化的发展，而不是过多注重表面的富丽堂皇，正如北京国际设计周每年经典奖的评选如观礼台、青藏铁路、红旗渠、高铁和华为手机等均是民生产品，也代表了国家的进步。尤其是作为"提名奖"的是已有四五十年历史的蜂窝煤和手扶拖拉机，曾解决了中国绝大部分老百姓的生活难题。所以设计最终的发展不仅仅是解决产品的外观问题，更是绿色的、分享型的服务性设计，这是设计的最高层次，也是人类进入可持续发展阶段的必然境界。设计不仅要解决当前人类的生存问题，还要思考下一代以及未来生存和发展的可能，提倡个人使用而不是私人占有。同时，设计本身也是一项关注社会的行为，设计师要具有为他人、为大多数人服务的责任，并要利用优秀卓越的意识和技能对社会和大众生活做出积极的改变，如此才能做出优秀的设计。

设计师如果想日后真正有发展，想成为让人尊敬的人，一定要实事求是，一定不要抄。我很反对"经验说"，你的经验我学不来。有些人说，整理出来的经验，让别人来学。我想问，人不一样，素质不一样，资源不一样，境界模式不一样，怎么学？现在人们都希望要现成的，都喜欢套路。我理解的经验是一种精神，一种创新和创造的精神而已。"他山之石，可以攻玉"这种说法，我觉得根本不可能的。

很多设计师在做设计之初，就去看画报，看展览。我想强调的是，作为设计师不单单要懂得"造"更要懂得"制造"，现在"制"都是别人的，看国外的。现在的设计，大多追求的是刺激和眼球经济。消费者也稀里糊涂地被设计师带着一起追求刺激和眼球。

我一再强调生活方式就是让设计师们跳开体制、跳开展会、跳开趋势，实事求是地去思考中国人到底是如何生活的？城镇化到底是怎样的？就是简简单单地把农村变成城市么？是这种简单化的照搬照套么？设计师是来解决问题的，而不是像明星一样作秀的。中国的设计师与国际设计师在思想上的差距太大了，天天想马上见效，不愿意动脑子。

设计师至少需要10年的付出，不断努力，厚积薄发才会有所成就。一心想着马上赚钱，捷径取巧就会没有原则了，一旦养成习惯就改不过来了。

就像我现在接触的很多设计师都很迷茫，大家都认可应该好好研究生活，认同设计源于生活，也天天嚷嚷着口号。但是一想到要改变原有的行为方式，就不知道如何是好，其实很多设计师如果有毅力用1年到2年的时间，仔细去观察自己的生活，找到生活当中存在的问题，去解决它，就又上了一个台阶。

我大概说一下北京国际设计周评出来的三个建筑：第一是观礼台，一点也不炫，反而很贴近老百姓的生活。第二个是青藏铁路，是要解决这个地区的开发。我不提倡辉煌的建筑，要的是一些实实在在的东西，解决最根本的交通的问题。第三个是红旗渠，就地取材，因地制宜解决当地实实在在的饮水、灌溉问题。我们不会评出给人以眼球经济的东西，我们要的设计是给人民、给社会给国家带来好处的设计。

等生了病再治病，都是事后诸葛亮，而设计的本质恰恰是事前干预！图纸就是命令，事前干预你该研究什么？是研究文雅或新时尚么？当然不是。设计师没有干该干的事儿，最终成了资本的奴隶、商人的帮凶。设计师如果忘记自己的职责，只能成一个打工仔，那就别埋怨领导不支持，老百姓不认，企业家不认，你本身干的事儿叫大家如何尊重你？你没有引导大家。

现在业内有三种声音：技术声音、商业声音、设计声音目前来看设计声音基本没有，因为设计师现在是跟着技术走，跟着商业在爬！

中国需要复兴。几大文明古国，只有中国的文明延续下来了，但是我们并不知道要延续什么。现在，我们过了五千年，但却成了人家的博物馆。就像埃及，要看古代文化就去埃及，但你看埃及都落后到哪儿了？
中国人的勤劳勇敢智慧体现在什么地方？现在我们讲智能社会，但智慧的"智"和"慧"是两回事。我们现在讲的都是智，智是抖机灵、小聪明，急中生智吗！但"慧"是什么？慧是定力，是一个文明古国应该有的清醒，要有道德，要有伦理，要有责任，要有担当，要有国家、民族的长远战略，不能光思考眼前的享受。

当前设计普遍存在着追随奢华的消费文化和沉溺于"形式供应商"、甘做时尚的尾巴，而出现"艺术对设计的殖民"的异化现象。设计与科学远离，与技术工程、材料结构越走越远，使得设计被艺术化、空洞化、形式化。

随着心理学、符号学、经济学、人类学、社会学在设计研究领域的应用和发展，尤其是商业的异化，一切为了利润，置人类生存之道于不顾。在材料、技术、工艺、结构、生产流程、工业工程、形态、细节、色彩、人因、语意、广告、品牌战略、商业模式乃至道德、法则、情感、婚姻、幸福、理想、学术、科研等领域无不渗透着一句话："我只在乎你的钱！"至于可持续发展、消费观念、使用目的或服务为本的理念，都不在商业的语境中，当今整个世界的社会意识形态、价值观或生产方式、生活方式都被商业绑架了！

在浮躁的商业时代，同质化严重已经成为中国设计界的弊病所在，而不经沉淀就声色俱厉充斥我们的城乡空间，呈山呼海啸般的泛滥。市场上狂欢的商品刺激着过度消费和被商业集团"定制的幸福模式"和商业社会的"消费黑洞"而孕育着的奢华追求，沉溺于工业文明表象的"技术膨胀"，淡化了我们对污染、对地球资源浪费、对我们子孙生存资源剥削的罪孽，腐蚀了人类的道德伦理观。设计师必须坚守阵地，用执着和理想，维系自己对于情境、意境的最初梦想。我们被允许探索，却不应苟同浮躁现实，虽不能称之为尽善尽美，但坚持用灵动深处的责任、热情，净化、升华我们对生活、对美的认识

人类的生存与发展除了衣食住行、享用物质外，还有额上的汗、手上的茧，人与人的接触、沟通、谅解，与大自然的互动、共生，与他人一起参与、合作、挫折、失败、创造时产生的行动节奏、思想谐调统一的乐趣、情感和情操，以及对自然和一切存在的尊重。

理科、工科、文科艺术都是人为分的，我们设计师是要干事的，我们要在桌面上做事，并不是夸大我们设计师的作用，我们必须这么思考才能担当起我们的设计发展使我们能有我们自己的未来。还是中国人这句话"超以象外，得其圜中"，我们学设计的人，应该关心的是这个东西之外的东西，不是这个物，而在这个事，我们才有可能转型。

关注国家强盛、关注民生、关注民族复兴、关注人类未来！设计要创造人类健康的、公平的、合理的生存方式！所以设计是引导人类分享、制约人类对"物"占有欲的实践。这正是设计能与科技、商业并存的根本，也是人类社会不被商业、科技毁灭的创新！

打个比方：中国现在有 13 亿人，地球现在有 70 亿人，再过 30 年将变到 120 亿人到 130 亿人。地球资源就

这么一点，现在全世界 15% 的人生活在饥饿线以下，我们现在提倡的现代化生活，拉开抽屉几十件衬衫，十几双高跟鞋，首饰、小配饰什么的，你说大城市能做到，西部山区的人怎么做得到？他们也是人，他们是不是也应该享受？那么再过 30 年 130 亿人是不是都能享受到？英国有学者做过统计，英国人的平均收入水平占世界平均生活水平的中上等，不是最高的，但比中等要高。他当时做了一个宏观的推测，如果全世界的人都达到英国的生活水平那样，则需要 5 个地球才能支持。

设计和商业到底是同类思维还是异类思维？从逻辑上看应该是一样的，都是解决问题，都是祈使逻辑，只不过商业的目标与设计不同，思维方法相似，但思维方法若没有了目标，岂不成了诡辩！离开目标谈思维正中商业下怀！设计岂不就成了"妓女"了！在人类命运方向上设计方法论可以指路，在实际操作层面可以向"商业"学习。商业逻辑也是人类文明中的一部分，为什么设计不可以当作工具和技术来使用？

设计必须要有这个理想和野心去驾驭"商业"这匹烈马，人类才有可持续的未来！而不应安于躺在商业怀里受哺！虽然设计还未长大，目前不得不被商业施舍，但不能总这么低三下四地无骨气，一谈到商业，设计的脊柱就弯了！目前设计师在企业是要低下高傲的头，但设计从宙斯那儿偷来的天火不该从设计师心中熄灭！

作为设计这一社会支点，我们要清醒的是：商业若没有设计的系统思维分析需求，用设计的方法去实现引导需求的方式，商业只是披上羊皮的狼！商业的进化、蜕变离不开以"人"为核心的理想社会思想的教化！因为商业的目的是不择手段地追求利润；而设计的目标是实现人类的社会价值。商业为了利润把设计当工具和手段，在给人带来利益的同时，腐蚀人类的灵魂；设计为了理想，也要驾驭商业这匹烈马，而不被它带向毁灭！所以互为依存，同路不同志！因为目标是截然不同的！

设计绝不再仅是时尚、奢华、美化、欣赏、高雅文化的载体，设计也不再仅是商业牟利的工具，设计更不再仅是技术的推销术，设计将承载人类理想、道德的重任。然而，设计本来应有的"为人设计"的职责在近几十年的商品经济中被严重地歪曲了。如果不对这一切进行深入研究，设计将无法抗衡现实世界的诱惑和抵制而无法立足。所以研究型设计将是未来设计立足之本，设计不是金钱和权力的附庸，它应当是人类未来不被毁灭的，除科学和艺术之外的第三种智慧和能力。或者说设计该到了正本清源的时候了！它是人类最原始行为和智慧，也是科学与艺术发展的动力，即是人类生存智慧的源泉。在经济全球化、技术潜能扩延、需求地域化、消费个性化的当今，设计本来应有的职责被"利欲"严重地歪曲了，经济发展方式的变革正在酝酿，"设计拉动型"的制造业将成为我国制造业发展的方向，从而促进我国从制造大国变为制造强国和设计强国。

商业要有话语权，技术也如是。那么设计同样要有！商业与设计都要从消费者那儿汲取思路，只是设计不只是为了"利"，更要为合理、健康、适可而止的潜需求的挖掘。

谈到"品牌"又是一个误区，没有"品"怎么谈"牌"。现在社会上大肆提倡打造"品牌"，但我们只讲"牌"，不讲"品"，没有自主知识产权的产品，没有构建和积淀自己的"参数""标准""产品系统"，哪来的"品"！品牌，品牌，咱们是有"牌"，没"品"，很多专家讲的通篇是变相的广告和新闻发布会。品是三"口"成品，第一"口"饥不择食，没有吃相；第二"口"，暴发户，摆排场。我觉得现在咱们国家正在经历这个时代，讲排场、炫耀，生怕别人不知道你做的事；第三"口"，真正的要"适可而止"，要吃素、要减肥，要节制。我要吃素食，我不要吃那么多的大肥肉，我要多吃蔬菜，也就是现在我们要讲的可持续，才能谈得上"品"——品质、品位、品行、品德。这就明白了人到底要什么，也就是明白了我们国家改革开放几十年过去了，现在我们的国家到底要什么，必须得明确。

现在有些学者讲品牌战略，全是讲"牌"，根本不讲"品"，还靠这个发了财，我觉得这都应该打板子的。而品牌是沉淀出来的，怎么可能打造3年、5年就有品牌啊？这实质就是"造假"。所以要想可持续发展，设计艺术不能成为追名逐利的"帮凶"，搞什么"眼球经济""美学经济",实际上是在腐蚀我们整个民族的消费观。

"品牌"的"品"字的含义贬值了,成为少数人凌驾多数人的合法借口,成为挥霍资源罪孽的载体。当人类靠品牌来炫耀身份的话,已说明人类忘记了"以人为本"了,而被"以物为本"奴役了!这从根本上背离了设计—人类社会迄今为止唯一能使人类文明不被毁灭的共享、公平、健康、合理的初心!

名牌是靠长期、严谨、清醒的努力才被沉淀出来的,不是打造的!

你们还在学习,学习要上课要听讲,怎么听,光靠耳朵听吗?不行!我们的祖先早就说了,耳朵只是一个通道,听不了的,要打开所有感官去听,也要思考,必须要用心去听,这是繁体字的听(聽),这叫学习,我们学交互是不是这么学的?

高等设计教育则应将人才培养以健全的社会发展流程链的"纵向和横向协调中介环节、综合性评价"为目标的思路和方法—调整人才结构关系。好的设计师是有社会责任感的,是要有正面立场和原则的。设计本身就是一项关注社会的行为,要具有为他人、为大多数人服务的责任,并要利用优秀卓越的意识和技能对社会和大众生活做出积极正面改变的,如果是这样才可称得上是好的设计。设计应理解人类基本生活的概念—"栖息",要对现实生活有更加深刻的认识和判断,要有清醒的头脑,尤其在经济全球化和技术进步的今天,对一些生存现象和生活态度抱有观察、思考乃至批判的态度。

艺术有批评，文学有批评，但是我们设计界没有批评，都在忙着提高自己的知名度、争抢有油水的项目、紧盯着眼前的利益，真正思考的人很少。中国设计界面临的任务是艰巨的，而我们的优秀设计师则任重道远。

我们设计师的很多商业案例都不是设计驱动的商业案例，大都是一个规模制造的赚钱的案例而已。我们这一代设计师如果不能突破附庸商业的思维，无论个人赚多少钱，设计还是在原点没动。突破"唯商业利益"的"产业生态系统"，找到新的"服务链的产品原型"，是社会给我们这一代设计实体提供的机会，也是责任。

Service thinking，Social innovation 是发达国家创新的主旨，跨学科的协同创新才有成效，工业设计应该超脱于造物之上才能引领创新。要看设计师如何定位？是统筹规划者，还是匠人。现在设计师和培养设计师的导向大都是以"匠"人定位，甚至是设计流水线上的操作工，当然这样的设计师一定控制不住。

设计手机的造型只是锦上添花的事，还有很多用不上手机的人，我们更关心的是"通信"；民工只能住在工棚里，房地产商只顾挣钱和搞豪华别墅，我们设计师不应忽略这些课题，而无休止地沉溺于空间和装饰游戏中。解决大多数人的基本生存问题，让他们有做人的尊严，具备必要的生活条件，这是社会安定和谐的大事；解决中国的交通问题、关注百姓上下班的方便而不仅只关注轿车的外观，是设计师应有的责任。在设计技巧、经验上，我们已落后于西方了。追上他们，步其后尘，也永远没有我们的知识产权，只能成为外国人的廉价打工仔、过时技术装备的倾销市场。不妨将思维转入另一个角度：实事求是地研究中国人自己的需求，关注那些外国人刚起步的思考，寻求因地制宜、整体系统的解决方案，因势利导地创造自己的"新物种"。这样才有可能和他们并驾齐驱，甚至超越他们。这样，我们的设计不再是"锦上添花"而是"雪中送炭"。从专业上讲，关注大众生活的观点也与包豪斯初期的主张一致，设计师要研究大家忽略的问题，关注已有苗头的社会问题，而不要把目光仅仅放在改良、美化上。这就需要思考、认识，需要新的观念，观念的方向对了，方法、技巧才有创新的方向和动力，也自然会形成我们自己的风格、特色。形成这样的良性发展机制，才是真正的可持续发展，"设计艺术"才配说对"大社会、大人文"有价值。否则，"设计艺术"只是涂脂抹粉的伎俩。

"大社会""大人文"，不仅涉及具体形态或者美术，而更重要的是研究生活、研究需求、研究社会、研究人类社会的未来发展。设计师的原则就是研究整个社会各种人，乃至大多数人的合理、和谐地生活。

咱们中国千万不要搞了半天文化是人家发达国家现代文化的补充，就像在城市住惯了到这儿来吃农家饭，就是这种感觉，我们中国不能成为人家来旅游最后吃农家饭到中国来了，那中国的文化全失败了。你必须走在世界的前列，不能走在人家后边还觉得自己很光荣，那是祖宗的光荣，你不光荣。我觉得咱们文化人，包括经济学家、哲学家，或者社会学家、艺术家们，他们的责任没尽到，自己的民族责任、社会责任是什么？你发表的东西怎么影响国家的决策？是在拉国家发展的后腿，还是沽名钓誉？说老实话，有的搞学问的学者就跟着口号去给口号做补充，没有尽到自己的民族责任感、专业的责任感。你该怎么说就得两分法说清楚，不是简单地跟随，你只要提倡我就跟着说，为了得到自己的利益嘛，不少都属于这个动机。

商业利益的诉求自现代设计诞生起就存在，资本一直是设计发展的主要逻辑之一。但如果设计只遵从资本的逻辑，就会扭曲。设计需要在商业利益和社会责任之间找到联结点，而不是平衡点。

法律、规范、制度等正是因人类社会的理想而不断完善的呀！而这就是设计在起作用约束商业、修正商业嘛！就如当前政府出台政策以使中国 30 年异化了的"市场化"进行调整、转型。至于设计能否承载这个责任？历史已开始了，也正在深化中！"可持续""绿色""体验""服务"……不都是设计责任在延伸吗？几十年前设计 Baby 只会献媚于商业的！纵观一下历史，就知未来！

至于如何避免过度商业化的负面作用，那肯定不主要是靠设计单方面抵制来解决的问题，而要靠法律、规范、制度和道德这些东西。设计与商业不是对立，是博弈。商业在未来的人类社会进程中也必须"进化""蜕变"！就像资本主义初期的血淋淋形态至今也在进步啊！只有都认识了其"妖魔化"，商业才肯蜕变！而设计就要拿出突破现在行业竞争力的方案，以解决人的问题带来更大价值为出发点。

设计师也是人类灵魂的工程师。为了符合解决问题的设计宗旨，设计师应该承担的责任，就是不断开发新的理念，创造一种合理的、健康的生存方式。"现在社会矛盾很尖锐，需要可持续的发展观和生产方式的变革，我们要考虑社会公共环境的利益基础上的多元价值取向，而不是仅仅把小资当作我们的奋斗目标。"

不要把工业设计当作一个专业、一个学科去理解，而是要当作调整生产关系的一个机遇。所以对于设计师来说，设计是一种技巧、一种能力，但对于政府来说，设计是一个抓工作的方法，是工业时代的一种思考方法、系统地看问题的方法。所以同样一个东西，由于解读的角度、解读的层次、解读的工具不一样，它的结果、定义也是不一样的。

现在设计公司和设计师很活跃，这仅是第一步；制造业企业是主战场，他们的需求不提升，则设计师空有一身技能也不得施展，久而久之，设计公司和设计师就会退化、自娱自乐，或为了谋生衍变成了商人！还有设计要从艺术家型脱胎，要出演各类产业链系统的引导角色，或成为新产业的领军人！

科学的责任不仅是告诉人类"怎样去做"，也不仅告诉我们"为什么"能那样做；更为重要的是引导我们去思考，丢弃约定俗成的提法或时髦的新概念，弄清事物的本质，"应该去做什么"，还要"做什么"。

如果说，人类在过去可以先学会"用火"再学会"防火"，那么，今后的人类必须先弄清楚"能否用火"和"怎样防火"，才能决定"是否用火"和"怎样用火"。

随着时代的快速发展，人类冲击自然界的能力迅速增长，越往前走可能遇到的未知的陷阱就越多，人类必须学会在行动之前更全面地探测危机的本能，就是决策的关键作用。也就是设计的功能已被提高到经济管理、社会管理的高度上来了。而且社会产品的生产也不是简单地被分为纯物质或纯精神的了。它们不再是非此即彼的关系，模糊性同样填平了物质功能与精神功能的沟壑。数量、体积、档次的拜物主义价值观将不再是人类审美的因素。没有最优，只能相对而言。逻辑性的求同思维不再是科学的代名词，形象性的求异思维也不再是艺术家的天赋。而这两种思维综合的交叉思维将使工业社会产生的设计之花开遍人类社会活动的各个角落。

当人类的追求比较简单时，决策的任务只是告诉人们"怎样去做？"当人类的追求比较复杂时，追求怎样的目标本身已需要经常进行复杂的交叉研究后才有可能弄清时，科学的首要责任是告诉人们"做什么"，而决策者的责任也就义不容辞地落到研究"应该做什么"上了。

当社会经济活动是追求狭义财富时，对事物和现象的理解和研究也只能是在狭义的思维中，把社会活动同自然界运动分隔开来，搞文艺的人尽管对自然科学了解甚少也能胜任。可是，当社会经济活动转向追求广义财富时，缺乏广博的自然科学基础，缺乏对自然界最新开拓的科学视野，就无法对社会进行有效的指导、支持和帮助。这不是以个人感情所能左右的，因为自然科学已经在向社会科学渗透，社会科学也已经在向自然科学渗透。只有掌握了这个脉搏，决策才会经得住时间和历史的检验，才不会坐失良机，造成不可弥补的损失。

Industrial Design
Thoughts in China
—
Data
—
168

数据——

DATA

Industrial Design
Thoughts in China
—
Data
—
170

"大数据"同样被炒得热火朝天，金融中的大数据，管理中的大数据，互联网上的大数据，健康中的大数据，甚至饮食上的大数据。各种名词铺天盖地，仿佛不理解大数据，企业就会失去与竞争对手竞争的制胜法宝，政府就会丧失判断政策取向的量尺一样。

那么，"设计创新"和"大数据"有着怎样千丝万缕的联系？如何运用"大数据"来帮设计行业把脉，提出新思路；反过来，如何通过"设计思考"来给"大数据"处理的方法、流程和结果带来更多的感性思考、用户认知和感情因素，将冷冰冰的数据洪流转化为纷杂用户需求和市场机会的良性输出？

"大数据"带来的信息风暴正在变革我们的生活、工作和思维，"大数据"开启了一次重大的时代转型，并以三个角度——思维变革、商业变革和管理变革体现了"大数据时代"的特征。

1. 思维变革——大数据时代最大的转变就是：放弃对"因果关系"（直线思维）的渴求，取而代之更关注"相关关系"（复杂系统）。也就是说更关注快速洞悉"是什么"，暂缓追究"为什么"。颠覆了千百年来人类的思维惯例，对人类的认知和与世界交流的方式提出了全新的挑战。

2. 商业变革——"大数据"将链接传统行业、移动互联网和普通民众。

3. 数据科学、云计算、物联网等都能帮助企业定制更加细致精确的服务。

4. 管理变革——"大数据"引领的"云管理"和"量化自我运动",都将使得管理更加复杂化、透明化、个人化同时更加具备"可预测性"和"社交属性"。

"大数据"——变革思维

"大数据"已经成为一种商业资本,是企业和社会关注的重要战略资源和兵家必争之地,企业必须提前制定和调整基于大数据的战略新计划;是一项重要的经济投入可以创造"新"的"产业结构"的经济利益。

事实上,一旦思维转变过来,数据就能被巧妙地用来激发新产品和新型服务。数据的奥妙只为谦逊、愿意聆听且掌握了聆听手段的人所知。

"大数据"是人们在大规模的数据基础上可以做到的事情,而这些事情在小规模数据基础上是无法完成的。

"大数据处理"中一个重要的工种就是"数据挖掘",就是在分析数据的同时去研究、揭示其"背后的逻辑关系"——"事理逻辑"。实际上"大数据"还是重视"为什么"的,只是因为需要对"快速的数据变化"和"海量信息"进行反应和调整,只是"暂缓追究为什么"的问题。但是"大数据"的"重新建模"恰恰更依赖深刻地理解"为什么",以便为创造"新物种""新产业"奠定依据,减少风险。

实际上到 2012 年为止,Farecast 系统用了将近 10 万亿条价格记录来帮助预测美国国内航班的票价。

Farecast 票价预测的准确度已经高达 75%，使用 Farecast 票价预测工具购买机票的旅客，平均每张机票可节省 50 美元。

"社交属性"：今后的消费群体是"80 后""90 后"甚至是"00 后"了，已经是完全在设计网络上的一代人，每个人的标签除了姓名，还有 QQ 签名、微博和微信的昵称，甚至很多相识很久的朋友都不知道真实姓名，只是通过"网络"在维系"社交关系"。

基于这种条件下的大数据实际上已经在给新一代的年轻人进行"信息编码"，逐渐模糊真实世界和虚拟世界。比如我们现在大量使用微信，改变了的"沟通""交互"社交方式，是否也在一定程度、深刻地改变了我们的生活方式？

我们能知道隐藏在数据背后的你是谁？甚至你心里在想谁？无论是数据的告知与许可、关键数据的模糊还是匿名处理，很多用户的隐私已经受到了威胁。当然不出意外，在现实中的例子有很多，如研究人员通过匿名数据进行研究时，我们依然可以通过一些独特的数据关联，然后定位到个人。

在"大数据时代"，我们已经不能放心期待拥有数据的公司不作恶。

我们需要让设计数据的获取者和使用者承担更多的责任，避免数据独裁。而这些大数据的不利影响也会随着大数据行业的发展而得到控制。

事实上，大数据的应用已经遍地开花，如通过大数据辅助癌症治疗，医生通过智能手机上的应用程序来监测病人的身体颤动；丹麦癌症协会通过大数据来研究手机使用是否致癌；微软这样的公司会通过大数据来分析病患的再入住率等；在互联网行业，让你非常讨厌的验证码；Google 翻译的进化；Zynga 通过数据分析修改游戏；金融行业通过大数据来鉴别个人的信用风险；快递领域通过大数据来确定行驶路线，减少等候时间；政府通过大数据来找出最容易发生火灾和井盖爆炸的地点；商场通过大数据发现产品之间的关联。
比如最近大家在探讨的为什么避孕套和口香糖要放到收银台附近。

"大数据行业"的发展有可能控制大数据的不利影响，也有可能让其愈演愈烈。

美国的"棱镜计划"的被曝光，已经充分说明了大数据的巨大价值和潜在风险，而人性的贪婪和窥探欲都可能使其向着违反道德的方向继续发展。

更多的公司也在贪婪地收集每个人的个人数据，期望有一天可以将其变成他们牟利的工具。设计作为创造更合理、健康、公平的生存方式将在"大数据时代"发挥更大的作用。

"大数据时代"，一切的一切都存在着可能，而这一切的改变我们也正在体验之中。

"设计的大数据"这是一个全新的课题，一个有巨大价值的金矿。我们希望来自"政产学研商金"各个领域的领导、专家、学者和资深从业人士都能参与到有关设计和大数据的讨论中来，一起来发掘这座金矿的价值，一起用设计思维来畅想大数据时代的制造业、金融业、管理业、创新业和更多等待我们发现的业态。

维克托·迈尔-舍恩伯格（Viktor Mayer Schenberger）认为："世界的本质就是数据"。
我的理解：我们每个人就是个数据（监测每个人每天的行为）

早在"60后"就有"数字化生存""信息时代"和"数字村镇"的概念，但实际上，现在这些概念仍然是相当新颖的。在 2000 年的时候，数字储存信息只占全球数据量的四分之一；当时，另外四分之三的信息都存储在报纸、胶片、黑胶唱片和盒式磁带这类媒介上。到 2013 年，世界上存储的数据预计能达到约 1.2ZB（泽字节），其中非数字数据只占不到 2%。

这样大的数据量意味着什么？如果把这些数据全部记在书中，这些书可以覆盖整个美国 52 次；如果将之储存在只读光盘上，这些光盘可以堆成五堆，每一堆都可以伸到月球。

公元前 3 世纪，埃及的托勒密二世竭力搜集了当时所有的书写作品，所以伟大的亚历山大图书馆可以代表世界上所有的知识量。但当数据洪流席卷世界之后，每个地球人都可以获得大量数据信息，相当于当时亚历山大图书馆存储数据总量的 320 倍之多。

人类储存信息量的增长速度比世界经济的增长速度快 4 倍，而计算机数据处理能力的增长速度则比世界经济的增长速度快 9 倍。

几个概念：

1. "大数据"可以理解为：积累的"海量数据"以及现在处理这些数据的能力。

2. 1B=8Bit（比特）

1KB=1024B（字节）

1M（兆）=1024KB

（一般一部数字电影 700~800 兆，有的可以压缩 1G）

1G=1024M

1TB=1024G

1PB（拍字节）=1024TB

1EB（艾字节）=10 亿 GB

1ZB（泽字节）=1024EB

3. "数字化"是描述性的。比如 A=50，B=30。"数字化"是对已有事物的描述性语言，而"数据化"是经过处理的量化过程。"大数据"是对数字化语言通过"云计算"来分析的量化语言。"数字化"是把真实世界的信息映射到计算机中，而后随着计算机的普及和发展积累了海量的数据；"大数据"是用"云计算"技术处理这些积累下来的海量数据，并发现其背后的规律。

4. "云计算"与"云服务"：

"云计算"—（Cloud Computing），是一种基于互联网的计算方式。"云"是"网络""互联网"的一种比喻说法。即：

"云计算"（厨房）如厨师做菜，客户端没有必要知道厨师是用什么材料以及怎样做的；

"云服务"（饭店—商业模式）如列"菜单"；

"客户端"（顾客—点菜）客户端把数据上传云端。

"数据"正成为巨大的经济资产，并将成为新世纪的能源、环保、生物工程、国防、航天等领域的巨大经济资产，将带来全新的设计创业方向、商业模式和投资机会。

大数据的核心就是预测，维克托认为大数据的核心就是预测。"大数据"将为人类的生活创造前所未有的"可量化的维度"。大数据已经成了新发明和新服务的源泉，而更多的改变正蓄势待发。

大数据的预测是建立在相关关系上的，从"因果关系"到"相关关系"的思维变革才是大数据的关键，建立在"相关关系"分析法基础上的预测才是大数据的关键。

"大数据"告诉我们"是什么"（相关关系），而不是"为什么"（因果关系）。在"大数据"时代，我们不必知道现象背后的原因，我们只要让"数据"自己发声。

"相关关系"只是数据的对应关系，并不代表两个不相关事物之间真的具有实际的逻辑关联。然而，"数据"特别是"大数据"容易蒙蔽观者。

我们容易屈服于海量数据，比如10万个人都同意某一种观点，绝不代表这就是正确的，只能说明很多人趋向于认为那是正确的答案。

设计师一方面需要理解和运用大数据的优势，同样不能放弃对每一个具体的用户的研究，需求依然是多样化的。尤其要特别关注符合可持续发展方向的国家战略乃至大众的潜在需求，设计更重视每个人数据背后的真情实感和社会的伦理。

量级的跃进：就信息量而言，技术的推进，使得人们接收的信息从文字到图片进而视频的不断跃迁。就接收信息的时间而言，已经可以24小时不下线；就接受空间而言，终端可以让人们随时随地接收信息。不受限的时空，配以无节制的信息。

社会的适应性变化：人们有了更多的大块时间，同时也产生了数量更为众多的有使用价值的"碎片时间"，在这之前，即使有"碎片时间"的存在，也无法使用，没

Industrial Design
Thoughts in China
—
Data
—
178

有价值。

"碎片时间"产生了大量的"聚集性组织",聚集性组织的"规模化"出现,将推动整个"组织生态"—"产业结构"的进一步形成。

设计组织形式的适应性变换:为了适应社会的发展,设计组织将呈现三种类型:

1. "服务型"项目的设计公司,其内部的凝聚力能够抵抗外部的压力,其知识是"内源性"的,如青蛙(Frog)设计等;

2. "服务型项目公司"被信息时代所击溃,同时又出现了适应信息时代所产生的"项目性公司",其存在是一种"碎片化"的存在,为了规避商务成本,降低风险,其以项目为导向,其核心成员都不是固定的,但其个人收益未必低。

3. 专业化的"跨专业的平台",其"以人为其核心资源",因为"知识流""信息流""资金流"最终是跟着人流走的。

不以人的聚集为核心目的的组织,其知识、信息、资源均不能得以最快速度更新,均会僵死。"跨专业的平台"又为"大数据"交流提供了原生动力和相互需要的可能或必然。

主导逻辑的变换:"机械工业时代"的逻辑是齿轮与齿轮"配合的逻辑",仅在设计阶段而言,是工业设计师和结构工程师之间的矛盾,其间产生合理的张力,从而推动设计发展。

"信息时代"的逻辑是"代码和代码"之间"兼容的逻辑",仅在设计阶段而言,是前台界面设计师和后台程序工程师之间的矛盾,这种矛盾推动了设计的发展。

这里要说明一点,界面是有层次和架构的,不仅仅是所看到的平面化的东西,而要看到一层层的递进与切换。

"齿轮间的配合逻辑"依然存在,但不能独立发展,而不考虑信息时代的特征。所以,判断如下:传统工业设计必须考虑信息时代的特征。

"信息时代的设计"必须洞察用户的潜在需求(人与人、人与事、人与社会的相互复杂关系)。

"互联网＋"是一种生产力,正是这种信息能源促进了传统行业和互联网不断的融合发展。其实,"互联网＋"更是生产关系和生产方式的革命,是第三次工业革命。

第一次工业革命靠的是煤,解放了人的体力,是机器和工厂当了主角;

第二次工业革命是能源的革命,进一步释放了人的能力,平台是主角;

第三次工业革命基于机器的分析方法所体现的"智能服务"占据了主角,以"智能设备、智能系统、智能决策"这三大数字元素为显著特征。这第三次工业革命解放的是"人的智慧",人的"脑袋"。

人们没有去想过这次技术革命对整个人类社会会发生什

么翻天覆地的变化，未来的组织不是公司雇用员工，而是员工雇用公司。

这一系列的变化是因为整个技术发生了巨大的变化，因为"大数据"的产生，人类整个"生产方式"将发生的变化一定会造成整个经济体系发生变化乃至社会形态发生变化。

所以大家要去思考：

什么样的社会经济系统才适合未来—可持续发展的"服务经济"；

什么样的组织机制才适合未来—"人才、数字网络与智能机器"的深度融合；

什么样的人才才能够适合未来？—"具备抽象思维能力的劳动力"。

我们误认为 IT 和 DT 都是技术的提升，其实这是两个时代的竞争，是一个新的时代的开始。

DT 时代的思维：

IT 时代是让自己更加强大，DT 时代是让别人更加强大；IT 时代是让别人为自己服务，DT 时代是让你去服务好别人；IT 时代是通过对昨天信息的分析掌控未来，控制未来，DT 时代是去创造未来；IT 时代把人变成了机器，DT 时代把机器变成了智能化的人。我们正在进入一个新型的时代。

未来的制造业不仅仅是生产商品和产品，未来的制造业制造出来的机器必须会思考，必须会说话，必须会交流未来所有的制造业都将会成为互联网和大数据的终端企业。未来的制造业要的不是石油，它最大的能源是数据

今天互联网已经不仅仅是上网看新闻，不仅仅是购物，不仅仅是玩游戏，不仅仅是聊天，互联网必须成为整个社会发展进步巨大的能源和动力，如果我们把互联网仅仅当成一种工具，那么我们就像曾经把中国发明的火药只能当作是放烟火，只能当炮仗，而别人把它当作武器。

"互联网＋"是两大革命中工业革命中的机器、设施与网络和互联网革命中的计算、信息与通信，先进技术、产品与平台的结合。是数字世界与机器世界的深度融合，其实质也是工业和信息化的融合。"互联网＋"可以将人、数据和机器连接起来，形成开放而全球化的工业网络，其内涵已经超越制造过程以及制造业本身，跨越产品生命周期的整个价值链，涵盖航空、能源、交通、医疗等更多工业领域。

所以我想这是一个人类社会可持续发展的"服务经济"的分享时代。这是一个可以共同展望未来的时代，不是去改变别人，而是改变自己，去拥抱这个时代。

中国
工业设计
断想
-
数据
-
183

Industrial Design
Thoughts in China
—
Strategy
—
184

战略一——

Industrial Design
Thoughts in China
—
Strategy
—
186

在探索全球经济一体化语境下，加快转变我国经济增长方式，从"加工制造型"向"设计创新型"的、"资源节约型"的、"环境友好型"的可持续发展的和谐社会转变，对"设计"这个概念的理解，方法的掌握，战略、政策的制定，机制的调整和实践的指导，是至关重要的。工业设计则成了产业革命后经济发展的主要方法和武器之一，也是经济转型的载体，还是国家文化战略的支柱之一，也是技术创新通向健康、合理的生活方式的必经之路。西方发达国家以此才得以使发展中国家消费者眼花缭乱的新颖产品、工具、机器迅速占领世界的大市场。在世界各国现代化的进程中，一次又一次地证明了发展工业设计是催化物质文明和精神文明的有效方法和道路。

德国作为工业设计发源地，是基于产业革命的"大生产分工"经济基础上的"社会结构"这个上层建筑层次的产物。在"政府作为背景"的《德意志制造同盟》的建立，标志了德国经济的社会机制的"组织工业化"。

在全球市场经济的竞争中，德国的工业化一开始就不是狭隘的"行业"的概念，而具有开放的、整合各行业的"社会经济结构产业化"的意义。这决定了他们的制造业在一开始的工业化进程中，就已在国家经济结构中和全球战略中形成了产业链的优势，并逐步全面完成了社会型的经济产业结构工业化。

在德国国家体制宏观层面上，包括产业政策、科研与教育体制、文化领域、科技前沿、基础科学、标准化、专利、金融、法律、社会普及等方面已逐步形成在知识经济的信息社会层面上的工业化。工业设计早已融入德国社会结构中各个领域，而从未仅局限于一种专业、一种技巧，是一种协调工业社会大分工所造成的行业、企业、工种、专业等隔阂的理念与方法，所以工业设计在德国一开始就不被局限于作为生产力，而是作为生产关系在发挥着调整、催化、引导的巨大作用，以及在整个社会的经济、科技、文化、教育层面上整合与集成创新的巨大推动力！

大生产是工业设计的基础，分工是工业设计发展的催化剂。

科学技术是生产力，设计就是生产关系，它将对经济社会发展产生巨大的推动作用。

科学技术是第一生产力，这个毫无疑问。因为技术的发展带来了工业化，实现了分工合作，使生产效率极大提高。工业革命大生产带来一个全新的迹象，一般人看到的只是流水线、大批量，但我们应该看到本质。大生产的本质是分工，就是有专门下料的，专门组装的，专门做市场的，专门做管理的，使得整个生产过程分开了。这种分离使生产效率大大提高。但是带来的一个问题就是：流水线如果出现偏差，那么整个一批产品就会出错。所以这个过程不能随心所欲，必然有人先想好了，策划好了。所以工厂要有标准才能大生产，要有图纸—所以设计是先于生产的，是协调各分工关系的。

现在到处都在做工业设计开发区、工业设计园区，搞大型评奖活动，但是根本问题并没有解决。我们需要转变经济发展方式，就是需要怎么去组合、整合这个体系，所以我觉得中国的希望就是政府要真正切实地做这方面的事情。

所以政府的一只手还是管用的，是需要他们去把关的，只要他们的理念正确，工作就可能好做得多，只要政府认真抓，都能上得去，这是第一。第二个要做的就是企业的创新机制。企业现在都是加工机制，都是管理怎么生产、加工的。企业怎么能把设计进行创新，怎么能够容忍失败，怎么能建立自己的队伍，这又是一个急需解决的问题。政府可以组织高校老师、企业的部分设计人员，或者企业家经过短期培训以后，把这个小分队派到几个试点去做，帮助企业在它的管理机制中嵌入设计创新机制，如果有成效了，就把这个经验总结出来推广，号召其他企业去参照。就是说，如果企业能按照政府提倡的设计创新机制改革，政府就会给方法、机制、政策的优惠、鼓励和扶持。如果企业按自己的愿意经营，自己到市场去打拼，那么政府也不会干涉，你混好就好，混不好由自己承担。西班牙就曾按照这个方法去做，给企业低息贷款，帮助企业组织研发团队，甚至给拨款、免税。政府是可以起到这个作用的。第三，从教育界好好培养设计的后继人才，就是设计教育到底要起到什么作用？我们的大学必须目的分明，有的是培养一线设计师，还有一部分是培养实用型的设计师。一个企业不可能都有自己配套的设计研究，所以建议地方政府根据区域经济的不同，建立一个辅助这些中小企业共享技术的开发平台，帮他们搭起这个设计产业链。然后就是国民素质教育，平常办什么展览、政府提倡什么活动去引导人民，避免做表面文章。这就需要政府深思熟虑，把设计纳入政府工作计划的思考层面上，而不要把它当作一个最后的结果。我们现在培养工业设计专业的高校中80%以上是工科院校，却恰恰在培养造型人员。高等院校都在培养同质化的同类型的设计人才，大家都在抢着就业，为找份舒服的工作，而不是培养我国未来的人才！

我们一直在提国家战略。你看企业家，生产一个产品，那这个产品最基础的东西是什么？

比如，日本马桶盖，真的就最好吗？你看德国的马桶坐上去，腿照样发麻对不对？你坐上去，照样感觉到大便下去，水照样溅起来了。只是好看、时尚，迷信。

那我们现在就要做这样的基础研究，中国人屁股的比例尺度是怎样的？中国人的小腿到底多长？马桶盖为什么会压迫腿部的血液循环？能不能让压力均摊开来？我们采集几百人的屁股形状（很荒唐吧，这就是设计师要干的基础研究，商业绝对不做这个东西），怎么做呢？让人穿上紧身衣，坐在一个橡皮泥上，有一个印子，然后分类，最后为马桶盖的形状找到一个共同点。

再一个，我们还做什么？我们的马桶不都是陶瓷的吗？是为了不附着粪便，陶瓷表面会有一层釉。现在的陶瓷，要大量的陶土，但陶土现在都进口了。我们自己的土没有那么多，而且陶瓷制品在运输过程中，占空间，易碎，损耗率10%~20%，那我们可不可以提出一个概念，外国人没有的，就是未来的马桶，不是陶瓷的？而且，你拿放大镜看一看陶瓷釉面，很多微小的孔洞，仍还是藏垢纳污的。

所以我们研究中国人的大便，看中国人的食物特点以及粪便的成分、测定其黏稠度，再研究各种材料表面的光洁度，提出材料和表面处理的技术参数，就有可能是"突破性创新"，这就是制定中国马桶材料的参数和制定中国马桶"标准"的依据。这些说出来都有些可笑，但这才是设计和基础研究。

这些东西中国过去从来不做，那么现在我们要做，而且做了以后可能就走到外国人前面。只有这样，中国人的产业才能翻身啊。得有这个志气，不能光说不做事的。如果企业不做这个事，如果没有研究机构做这个事，那中国不是永远跟着外国人的标准走嘛。

30多年了，我们的设计师大部分都是"白领"打工仔，仅做造型效果图，在上面建模，全部做表面的东西。设计是一个体系，要有战略层次，但这个体系没有在中国建立起来。

建议企业做点基础的事，不要光看眼前挣钱的事。你基础做好了，产品水平也就提高了，口碑也好了，而且不光是卖得好，其价值、利润就会高，自然就挣钱了。钱要赚，但得取之有道。

现在中国的设计公司多起来了，企业都在搞所谓新产品，一年出1万个新产品，也不见得能使中国强起来。不深入研究中国的需求、塌下心来打好基础。我问你？明年洗衣机什么颜色？你能从市场调查出来吗？好像是走群众路线，其实真正的还是扯群众的尾巴。

只有获得市场，企业才能生存，而市场也正是从一个侧面反映了一种复杂的人类文化对于工业生产的调整。企业家要有这样的意识，并不是说今天卖杯子明天卖烟灰缸，这不叫转型，叫转产。杯子还是杯子，但要把产业链做好，要更加合作，不要自己去弄材料，做电镀，商业环节尽量减少。成本就降低了，那竞争力就大了，利润就提高了。这就是要有一个整体协调的产业链。企业的软实力积淀是不可能快速获得的，也是买不来的。小企业没有十年磨一剑的条件，不可能拿自己的钱做公益，国企有条件但没创新动力。政府不能把资源和创新力协调好，就无法激活市场驱动力，政府的心态、态度和政策引导更重要。

企业是作为自主创新的主体，增强创新能力是知识经济环境下制造业企业的必然选择。中国作为一个发展不平衡的人口大国，目前正处在也将长期处在国家的现代转型上，制造业仍长期是我国经济的主体，只能在"世界工厂"的基础之上自主创新。但是目前我国的设计创新机制还无法融入企业和国家创新体系，也无法被大多研究学者和企业管理人员重视。设计创新恰恰是连接"有效需求"和"有效供给"的纽带，除此之外，没有任何其他的机制可以取代。因此无论在企业层面还是在产业或国家层面，设计创新机制的嵌入都是当下中国经济建设中转变经济增长方式、提升企业创新能力和国家竞争力的必然选择。

要在我国创新体系嵌入工业设计机制，出发点应是创立制造业中的"设计拉动机制"，以此示范性的"工业设计机制"带动"技术拉动型制造业"和"加工拉动型制造业"朝着"设计拉动型"转变，达到促进企业经济增长方式的革命性转变，脱胎成为"设计拉动型的制造企业"。

所以设计驱动型、需求创新在先的开发模式才是自主创新能力提升的最佳途径，才能最大程度利用我国制造业30多年来积累的强大制造能力，为企业创造出高附加值的产品和服务。

工业设计具有跨学科、跨行业、跨领域，人才和知识密集等特征，是产业价值链中最具增值潜力的环节之一，是展现一个国家现代文明程度、创新能力和综合国力的重要标志。

工业设计自改革开放之初引入我国，经过30多年的发展，特别是进入21世纪以后，工业设计引起了中央和地方有关政府部门的关注，开始重视工业设计的推动工作。但是工业设计在我国还仅作为一种新行业形态存在，还是中国的工业或经济的"体外循环"，尚未在经济领域建构起一条完整的产业链。加工型的工业体系还未将工业设计融入经济运营的系统结构内。虽然我国的工业设计近几年有较大发展，但与发达国家比较，整体水平仍然相对落后，尚处于起步阶段。在政府层面"政出多门"，缺乏有效的协调与共享机制，资源不能合理利用，一些举措具有盲目性，不利于设计产业的健康发展。

工业设计的主战场—"制造型企业"对工业设计作用和价值的认识存在误区：或重技术轻设计，或仅在外观美化上创新；没有意识到工业设计是技术创新的载体，也没意识到工业设计对企业品牌塑造和价值提升的重要性。对工业设计支持的基本对象应是我国的支柱产业—"制造业"认识不清；缺乏对当前工业设计促进的重点对象是技术拉动型制造业的基本认识；没有明确工业设计促进的扶植、培育对象应当是设计服务型企业。

政策和投融资环境有待进一步改善。政府和企业决策层在工业设计上的投入不足；融资渠道、信贷担保制度不健全；扶持政策力度不足；设计教育的误区，导致我国工业设计在发展环境、服务市场、人才等方面存在问题，设计产业链严重缺失。

行业之间、地区之间发展不平衡，产业化程度不高、结构不合理。缺乏具有国际竞争力的专业工业设计机构；公共服务平台建设不健全；工业设计对相关产业的渗透力度不足。

缺乏合格素质的工业设计人才。既了解行业发展趋势，又具备灵活掌握相关学科知识，也能整合运用各方面资源的高素质从业人员的短缺；具有国际影响力的行业领军人才更为稀缺。

转变经济增长方式的历史重任十分迫切。中国是个制造业大国，制造业是支柱产业，无论是政府的政策支持、资金支持，还是产业的工业设计推动工作，其核心点和目标都应当是新型工业化的制造企业。

资源拉动型制造业、加工拉动型制造业、技术拉动型制造业和设计拉动型制造业的分类认识是以经济增长方式来对我国制造业进行划分，而非按照传统的企业产出门类来分类。设计拉动型制造业在技术拉动的基础上通过工业设计提升价值，提供的是可用、易用，满足消费者生理、心理需求，符合社会可持续发展消费观的商品。

当今世界，生产的信息化、社会化、专业化分工和协作，必然使企业内外经济联系大大加强，从原料、能源、半成品到成品，从设计研究开发、协调生产进度、产品销售到售后服务、信息反馈，越来越多的企业在各个环节上存在纵向和横向联系，其相互依赖的程度日益加深。无论从投入还是产出来看，"服务化"都是制造型企业的重要发展趋势。

20 世纪 70 年代以来世界范围内企业外部经营条件的重大变化：一是客户和市场的需求越来越复杂多变；二是 90 年代以来市场的全球化最终形成，极大促进了产品和要素在全球范围的自由流动；三是信息网络技术的广泛应用改变了企业传统的竞争和合作方式。

西方各发达国家的生产组织方式的演进出现了一个重要趋势，即从规模效应的"福特制"生产方式向以"持续创新 + 敏捷制造"和"专业化 + 网络化"为特征的"后福特制"生产方式转变。

工业设计诞生于工业社会萌发和进程中，是在社会化大分工、大生产机制下对资金、资源、市场、技术、环境、价值、社会结构、文化和人类理想之间的协调和修正；是能整合、集成极具潜力"新产业"的机制和平台。

西方国家上百年的工业化进程深刻地改变了社会的整体

机制和意识，规模化的大生产、集合化的大分工体系产生了保证社会工业化体制运转的一系列政策、法规、制度和文化、价值观。

我国改革开放不到 30 年，中国制造业的快速工业化虽然获得了很大的成就，可是社会型"产业链"和"工业文化意识"并没有在整个社会运行机制中积淀和成熟。工业设计需要一种社会化、循环性的产业结构机制。工业设计创新机制是经济建设中转变经济增长方式、提升企业创新能力和国家竞争力的必然选择。

20 世纪 90 年代，人们已开始将工业设计的实践与认识提高到机制创新、生活方式设计、文化模式设计及系统设计，现在又致力于可持续发展的集合式社会系统整合设计——"产业设计"的高度上来了。中国目前所处的国内外经济社会态势和发展正急需把工业设计作为中国新产业结构创新、可持续发展、构建和谐社会、创造我国自己的新型工业化产业链、新型工业文化的国策。

所以建立"集聚整合研究型"的设计机制和地区政府性"集成式设计产业链的平台机构"，必将是未来设计创新的立足之本。

工业设计关乎国家战略和目标，不能光看一线的设计实践，要有设计政治、设计战略、设计管理，必须进行顶层设计。

我国的工业设计基本还停留在产品改良的层次，很少在开发设计环节有所作为，而在服务系统设计层次上实践更是凤毛麟角。工业设计的作用在中国被扭曲、割裂、边缘化。

考察原因，首先，中国工业几乎所有产品的原始创意和技术起点均来自境外，虽然见效益快，却让我们忽视了设计平台、设计系统的建立。过去我们只是制造，拿来外国的标准、工艺、流水线、技术，中国工人便宜、资源不值钱、污染无所谓，所以中国制造全球扬名。从国外引进快倒是快了，可人家的技术是有根的，引进的没有根，再往前就不会走了。

其次，对工业设计在观念上不重视，大部分企业的制造机制只重视引进技术、购买设备、广告营销，根本没有把工业设计作为企业产品开发流程的核心竞争力纳入决策议事日程中。

这样一来，企业引进了流水线和工艺，给设计师的任务能是什么？你敢动人家的流水线吗？花几千万美元买的。那就只能换个外观，换个外壳，换个颜色。

就这样，即便我们培养出一个高级工业设计师，得到的任务却是初级的，而不是改原理、改模具、改发动机、改平台、改标准。所以如果企业的问题不解决，再好的设计师也没有用武之地。这就是种子和土壤的问题。良种再好，土壤不好，扎不下根去。

必须明确，建立工业设计的体系不等于设计师数量的增加，而是系统结构优化。设计团队的精髓是分工合作，有领导，有中层，有基层。不是说要有几百几千个设计师，而是要有梯队，否则那不是团队，是团伙。

一直以来，我们过于重视技术的力量，很多地方都在提技术进步、技术创新。可技术进步的标准是什么？越快越好吗？越新越好吗？不见得，关键要看用在哪儿，怎么用，这是工业设计的责任。

要看到，是工业设计在推动技术发展，给技术出题目，让技术进步。否则，技术进步的标准只能是跟着国外走追人家一流的技术，追上了就变成二流了。

创意是一种智慧的火花，是人类进化的足迹；设计是人类远早于科学与艺术的行为，也是人类为了生存而不断解决问题过程中的一种智慧。它是筛选创意、拓展创意、实施创意的思考、决策、实践和反思的智慧。

这种设计的智慧既需要创意—"种子"，也需要培育种子的"试验田"，更需要让"种子"能生根、发芽、茁壮成长、开花、结果的"大田"。就像点燃的火花需要温度、燃料才能燎原一样：创意的生长还必须要有外部因素的滋润。同理，设计这种智慧也需要阳光、雨露、土壤、肥料和辛勤耕作。任何创意、设计和智慧都需要外部因素的滋润、培育和扶持。

所以，在我们提倡创意时，绝对不要忘了建立使创意进化为设计的这种机制—即"土壤"的改造。培养优秀设计师，出色的设计成果就好比"优良种子"，使创意能成为设计的智慧，机制的建立和完善则是"阳光""土壤"和耕耘！

一枚好种子如果没有好土壤也不能生根发芽。培育良种，就必须同时改良土壤。

我们在培养"良种"的同时，还要耕耘和改良"土壤"。以共同构建我国经济转型、人类可持续发展所呼唤的设计机制。

设计机制是大树，优秀设计是良种，政府和社会产业链是和煦的阳光、改良的土壤、充足的水分和洁净的空气。

千万不要为眼前的成绩辉煌而迷惑了方向。这仅是沧海一粟！每年有 100 件上市设计未必有中国的振兴，而观念层、组织层—"土壤"不好，优良品种也无济于事。这就是事理学，不是"造物观"！

这个土壤我近几年一直在说，种子与土壤的关系问题，种子再好土壤不好也生不了根发不了芽，开不了花，结不了果。西方在近几百年完成了工业化的过程，我们中国改革开放不到 30 年，我们大家都在追求 GDP，追求效益，追求金钱，在不停地引进，我们没有消化，我们来不及沉淀。我们有了工业，我们没有完成工业化，同学们年轻，你们得思考，你们不要仅仅看到眼前有一份很好的工作。我们国家这条路还很漫长，我们现在认识到要转型，怎么转？往哪儿转？

中国现在要转型，要变成自己开发，按理说 60 年应该做个准备吧，但准备不足。你看广东省包括咱们国家提了多少年创意、创新，提了十几年了，成效不明显，什么原因？就是人才没准备好，机制没准备好，方法没有做准备。企业关心的机制就是为了挣钱，你叫他开发，开发的下一步就是一个陷阱，承受不了失败。像美国是一个制造大国也是一个设计大国，他们的开发成功率只有百分之十，也就是说，我投入 100 万，90 万是打水漂的，咱们中国哪个企业能承受得了？这些思想都没有做准备，在任何国家都是国家做后盾的。企业为了市场竞争要开发新东西，企业很怪，好不容易找到你设计，你也给他设计了，企业只关心设计的结果，不关心设计过程中的方法和知识。设计者提出了合作开发机制，我们的设计过程最好你们的企业的技术设计人员与我们一块儿做，那么就是说我们的做法你们企业的技术设计员也都能知道。就像我们的援助一样，援助的目的不是扶贫，而是让你脱贫，不是给你钱，而是"授之于渔"。

最明显的例子是一汽，解放牌汽车。中华人民共和国成立前中国没有汽车工业，中华人民共和国成立后要运输需要汽车，那么中国怎么办呢？我们不能自己开发，来不及，苏联老大哥援建，1957年一下子就建立了长春第一汽车厂，规模是很大的，是当时全亚洲规模最大的汽车制造厂，我们这个汽车厂比全日本的卡车生产量还要高。正因为如此，我们觉得昏昏然了。1987年有一篇文章纪念长春第一汽车厂建厂30周年，题目是"零的突破"，中国从1957年有了自己的汽车，但这30年我们徘徊不前，30年过去了，我们还是"四吨半"，还是那个轴距，所有的性能、所有的参数一点都没有变，造型变过一两次，最后还是解决不了中国的建设需求。到改革开放时就发现，"四吨半"、还有这个"参数"不行了，所以要重新引进。那么，这30年我们的汽车厂干了什么呢？现在我们三大汽车厂长春一汽也好，上汽也好，二汽也好，几十年都是一汽的骨干转移下来的。这就说明中国汽车工业出现了一个大问号，这30年干了什么？出了不少劳动模范，出了不少先进工作者，都是小改小革，就是产量提高了，质量提高了，成本下来了，但是还是"四吨半"，还是那个轴距。而这个根本的数据是怎么来的？是二战时苏联人拉炮用的车，拉炮的参数决定了它的牵引力要大，车斗不要那么大，所以四吨半够了，上面装几个炮兵，装点儿弹药，后面拽几个山炮、野炮。拉炮用的只要能装弹药和炮兵就行了，好转移阵地，设计是这样的。这个引进中国以后，当时中国没车，有比没有强，当时拉钢铁，拉机床，拉原材料，拉粮食，拉棉花，拉人都用它，所以不适合。粮食比重轻，拉粮食这四吨半远远没有载足，拉机床可以，运输工人倒做了设计工作，加了一个挂斗，吨公里效率增加了一倍。这是设计，要解决问题。我们引进了汽车工业，我们明白了怎么造了，但是整个工艺、结构、动力为什么这么设计不明白，所以30年我们会造了，但对"设计"没有任何进步。

改革开放30年又是如此，又重新引进生产线。包括改革开放初期、80年代末，中国有10个省市代表团到日本的松下引进松下冰箱。松下冰箱有好几种，不同的容量，不同的规格，结果这10家都考虑性价比，都引进了同一条生产线。做完了大生意了，松下的老板卖乖说，我从来没有见过一个国家这么搞引进的。那时候还有很多计划经济的色彩，10个代表团引进同一个生产线。他说，我要搞引进的话，我会引进一条美国的，一条法国的，一条德国的，一条英国的，若干年以后中国自己的生产线就出来了，结果我们自己的出来了没有？没有。我们在引进上舍得花钱，几千万上亿都舍得，为什么？今天装好了，第二天生产，第三天就可以卖钱了。

引进流水线制造的下一个阶段是清楚的，问题只是质量差一点，工人素质差一点，那么起码下一步没有大风险。但是要开发下一步有可能是一个陷阱，谁愿意冒这个风险？国家不肯冒，企业家更不可能冒。中国的企业关心什么？关心广告、市场、降价竞争、广告竞争，恶性的自杀竞争！现在又在空喊打造品牌，变相的广告战，化妆的"CI"！开发谁也不搞，没有拳头产品、没有持续性的产品开发战略和整合产业链、服务链的思路，是不可能有品牌的。因为中国的企业在成长的过程中从来没有研究、开发、设计这个程序，没有这个思想，没有这种人员，没有这种组织，没有这种机制。所以这60年中国基本上没有完成工业化结构的转变，都属于加工的，当然也有个别转变。叫工业化，或者叫制造大国，这是远远还够不上的，只能叫加工大国。

说我们是制造大国，其实根本称不上是制造大国，而是个加工大国，有"造"没"制"，"制"是引进外国的。从设计的队伍到设计的战略，都有问题。整个时代都是图快，图表面，而大家还沉浸在里边，觉得挺好，挺满足。中国的工业从一开始就有缺陷，它没有从自己的土壤中生长，而是引进的。

所谓"制造"，顾名思义，"制"是什么概念，"造"是什么概念？"制"是中国的吗？"制"是外国的，"制"是外国定的流程、标准、程序，我们只是"造"，而"制"是人家经过几十年、上百年沉淀下来的"制"，我们昨天买回来今天就能用上，谁也不去想了。所以我们只是"造"，"造"是什么？那就是关注销售额，关注广告，关注销售网络。咱们的企业家，哪个企业不是销售总监拿最高薪水？！这个问题我们这 30 年来没有解决，我们现在要转，怎么转？都说技术创新，现在这几年讲设计创新，我觉得这都是很难以理解的，设计不创新还能叫设计吗？

"制造"的概念解析

"制"：

制约、规范、制式、机制、制度……

系统—工序、流程、制作系统；软与硬一体化的社会产业系统；

标准—零部件、产品、行业的标准，被梳理、抽象、简化又可推广、复制、检测的数据化模式；

协同网络—能整合、集成的信息、知识、能力，具备多维潜质，又致力于创新的机制。

"造"：

运用一定的材料、技术、工艺和组织加工某种零部件或产品；

应用现有的技术、工艺、流程、规范；

追求速度、效率和订单设定的质与量以及产值；

注重规模效应、推销能力，自然关注价格、广告、销售网……

……

中国的工业还处在很初级的加工制造阶段，有"造"、还没有自己的"制"，有了工业，还没实现工业"化"其实，现在还没到谈创新的时候，急着创新只会追求表面上的"抖机灵"，走上歪路。这跟中国的企业体系有关，本质上还不能实现自强，是因为中国企业的机制还停留在引进后的生产加工体系上。因为机制问题，很多所谓的设计只是在引进国外原理、技术上的模仿、改造设计基本停留在外观造型、涂脂抹粉的美化上，完全谈不上是设计。中国现在只是个加工大国，处于工业发展的初始阶段，春天还没真正迎来。

给企业一个成果，他拿这个开发了，如果第二年第三年不再继续给他搞设计那他还是停留在原地。机制和理念是不对的，这个转变是非常艰苦的。一个新的设计的原理模型、实验模型都做好了给他了，毕竟我们是在实验室、工作室或者设计公司里做的，从原理上没有问题，但是落实到这个厂、那个厂，他的工艺和特点是不一样，他们的做法是不完全一样的，你的技术能力、资源跟他的不一样。所以实际上需要一个再设计的过程，也就是说，企业的技术人员要投入进来，对其工艺跟自己原有的优势和人员特点要进行再一次设计，而这一关过不了。你看，我是外来的和尚，你是这个企业的设计人员，他是老板，我设计出来的东西老板一看说好，赶紧就做了，而我走了，老板回来的第二句话就说，你干了 10 年怎么没有想出这个东西来？你非常气愤，想要给他出难题。心理的障碍，利益的障碍，总要从你的方案中挑毛病，毛病总会有，而积极的办法就是一块儿探讨、磨合。问题是能解决的，往往就停那儿，你说做不了，他们这个设计脱离实际，就卡那儿了。好多好的设计的发展方向很好，就卡在中间。所以，设计过程远比结果来得重要得多！然而，企业只关心眼前的利，忽略创新机制的建设，这正是目前我国企业由于是靠引进成长起来的，所谓的管理只是"加工管理"的管理，理解不了设计研究的过程，容不了设计的创新机制，只图短期见利，满足于不断引进"新技术"，老想吃现成饭，当然也就难以转型！

20世纪90年代初，我们给安徽的荣事达设计一个冰箱，给我们25万，我们自己觉得拿这25万做一个造型心里觉得有愧，所以我们努力想开发点新东西。当时，中国的冰箱往往放些剩饭剩菜，开冰箱的时候，端着一盘剩菜放在旁边桌子上打开冰箱门，然后再放进去。我们考虑到人的行为特点，就是我的冰箱把手不再是一个把手了，就是我说的"开"这个动作，而不是"把手"这个名词概念。我要把它打开，打开不一定需要把手，所以我们设计冰箱的侧面整个都是软的有一定弹性的，我端着东西，胳膊肘一碰，肩膀、屁股一碰，开了。这个技术有什么难的？把这个方案拿去给老板看，他很高兴，结果技术科的科长底下跟我们说，柳老师，你的方案就搞个造型，换个面板，弄个漂亮的把手，换个颜色，加一个标志，你25万拿走，你干吗给我们出个难题？给我们出这个难题以后，我们这一个月不见得能做出实验来解决这个5公斤弹力的结构，我这个月奖金没了。这就说明中国企业的机制是有问题的，现在企业都是加工管理的机制，一切都设计好了，你只要做就行了，根本不需要动脑子。所以中国企业的转型相当艰苦，企业整个是为了挣钱，为了商场效益，而没有"设计创新机制"。

作为企业、设计公司和设计师必须要以提供好产品为基础，否则品牌还只是广告吹嘘；战略也只能做梦。

乔布斯的思路基于强大的美国国家战略之上一个公司的设计策略！当今中国富国强兵需要的不是乔布斯，而是一批像姜子牙、张良、韩信、诸葛亮、魏徵这类人才系统啊！

只靠设计师一个工种是不行的。设计最大的特点还是分工合作。所以没有什么所谓的大师，把设计当明星去捧，那又会走弯道了。设计是把各专业、工种集成整合一起解决问题的，不是设计师一个人能完成的。

我一直反对把设计师叫"大师"！设计师在协调"矛盾"和"关系"中进行的资源、知识结构的整合、集成的创造，不可能仅靠一个大师。艺术家可以叫大师，而设计成果都是集体的智慧融合后的知识再创造，所以必须要有一个团队，它需要把握一个整体，需要各方面的人来合作。艺术家就像独唱家，而设计师像大合唱，是交响乐，绝对不是一个乐器，要靠整体。

德国是后起的资本主义国家，追求强国梦的德国人在列强挤压下，以剽窃设计、复制产品、伪造商标等"卑劣"手法，不断仿造英、法、美等国的产品，廉价销售冲击市场，由此遭到了工业强国的唾弃。

1876 年费城世博会上，"德国制造"—Made in Germany 被作为"价廉质低"的代表。1887 年，英国议会通过新《商标法》条款，要求所有进口商品都必须标明原产地，以此将"劣质的德国货"与优质的英国货区分开来。

但是"德国制造"依靠系统的整体性、完美主义、精准主义、守序主义和在实用主义、信誉主义基础上的标准化和质量认证体系，完成了华丽的蜕变，与德意志民族的文化传承息息相关。

严谨理性的民族性格形成了"德国制造"的核心文化，这些文化特征深深地根植于斯。是一个"整体"、一个"系统"，从而成就"德国制造"的传奇。

"设计思考"是一个很热门的话题，特别在我国发展方式转型的关键时刻，到底什么会成为撬动量变到质变的支点？新技术？新管理方式？大量资本的进入？从大量的国外先进经验和多年基于制造业创新的摸索中来看，我们认为：设计将会成为至关重要的一环。

不少设计沦落为垃圾制造者，这是设计让步于研发技术，研发让步于制造的恶果。目前的设计主流还停留在对国外模式的表面解读上，表现为纯造型设计。大多是打果子的，而种树的是少数。

目前，我们对于设计的当代性探索还不够完整，近几年虽然有较大发展，但与发达国家比较，整体水平仍然相对落后，尚处于起步阶段。加之我国几乎没有设计方面的批评家，评价体系的缺失导致我们在探索设计的道路上走了太多弯路、摔了太多跟头。虽然现在人们日常生活所需的彩电、冰箱、洗衣机甚至手机等，均有企业在生产制作，但大多企业仍缺乏知识产权意识，也缺乏设计的概念。他们舍得花高昂的价钱来购买设备，却不舍得在设计费上多掏一分钱，这使得中国的设计仍处在借鉴、模仿国外设计模式的阶段。所以，当下的中国还是一个制造型国家，依然很难走到向创新型国家发展的道路上。

今天的社会，似乎已经变得不怎么关注作为实业的产业—工业。最近10年的人类发生了翻天覆地的变革也似乎和工业发展毫无关系。作为中国人，我们经常抱怨：现在的世界，美欧人负责创新，日韩人负责研发，中国人负责生产。我们付出最多，收获最少。在整个价值产业链上像一群可怜的鬣狗，围着残羹冷炙过活。

第三次工业革命，最终带给我们人类社会的是对上层建筑和人类文明的变革。生产力决定生产关系、生产关系决定上层建筑，历史无数次证明这一论断。那么伴随着第三次工业革命，未来的我们人类的文明的变化在何方。从强国战略入手！从"人"入手都是设计的抽象目标，然而"生存"是从人入手的根本！设计要有危机感，不应都从"幸福"入手，更不能空概念地被国外技术噱头牵引，忽略了"灭我种族的文化战略"。设计师也是多类型的，不要都跟当前所谓主流，设计总体来说是超前的、带预见的。关注当今世界的产业链分工，就会感到芒刺在背，设计就无动于衷吗？

20多年前大家不愿接受的"大设计"—社会的生存方式系统设计思维就如此。当然技术、工具发展了，多维的、跨界的手段比以前更能被系统集成整合了！这正是人类整体文明对工业设计修正过程中的一个新阶段。前年与去年美国有五所商业学院变更为设计学院了！人的思维方式有可能被职业—"存在"决定，但开放社会、互联网的平台，综合、集成时代已标志了人的思维能力和潜力正在进入一个新阶段。商业、技术、设计三个支点都要围绕一个核心—"人类的可持续生存"，而设计在三者之中相对更贴近这个核心，也一直处在漂浮的边缘，被社会也被自身误解。也可能设计太理想化了？！难道这对人类未来不也正是其难能可贵的吗？！技术、商业、设计不可回避要博弈，但设计没有相对自己立足点，那就麻烦了。人类历史中的弯路、错误已证明了缺乏设计的教训。坚守理想、跨界合作、定义并引领"需求"——不是want，而是need！这是设计的操守。

技术、器与"物"救不了中国，必先有清醒的目标和理（信念）—战略和机制才有中国的设计前途！所谓品牌救不了中国，只要有了明确的战略，品牌自会沉淀出来，具体操作程序和技术也会应运而生。中国的设计只有靠自己。"中学为体、西学为用"的思路误国、误设计。中国人要有危机感，不要盲目乐观哪！这一代必须承担这个沉重的十字架，才能重建中华民族的辉煌，为后代做榜样。

将中国人才掌握的知识和技术（有些领域已属于世界领

先）整合出一种新概念的创造，这种"创新"是否更有战略意义呢？中国人才战略的决策，是摆"棋子"的问题，没有整盘棋的"布局"，仅靠小卒子过河吃车马炮，是会整盘输的。我们要的是整盘赢，丢了车、马、炮也没有关系。这是战略问题，是系统问题。

应有一个体系。目标要与国家战略靠拢，各种思潮、风格百家争鸣，在讨论中各自定位。逐步把我国的设计战略融于设计师们心中，形成分工不分家，这也是设计促进与媒体的战略。这不妨碍把设计也当作一门专业来精深推敲，这是"技术"层面；也需激励、宣传、推波助澜，这是商业层面；当然不能没有消费者的支持，但要被引导到"适宜"层面；然而相辅相成、相得益彰的目标是设计之"道"，即以不变应万变，万变不离其宗——真正代表中国的、未来、可持续的设计。

Industrial Design
Thoughts in China
—
Industry
—
212

产业——

Industrial Design
Thoughts in China
—
Industry
—
214

当前人类生产、科学实践、市场经济的全球化，自然也包括设计的范围、内容、广度、深度在骤增。信息交流和储存技术的渠道、方式、速度、效率在快速发展，使得信息量急剧地膨胀，进而使原有的生产管理体制、文化艺术、道德、思维几乎容纳不下这种时间、空间的变化了。人类必须学会在行动之前更全面地探测危机的本领，这就是说人类行为的决策，也可以说设计的功能已被提高到知识和资源的整合、企业和经济的管理、产业创新和社会管理创新，乃至探索人类未来生存方式的高度上来了。

工业设计是一个新兴的产业，它的"新"，在于它不是纵向分类的"新"，而在于它"与生俱来"的是协调"已被分割成条块"的行业、部门的矛盾，整合被分割造成的"分力"朝一个目标去"合力"。所以，"人才"要的是能合力的人才，这就需要人才梯队的培养！人才团队的默契！因此，人才管理的引进目标、人才结构计划、团队或梯队的组织原则、素质与能力（合力）的培训方式与内容等，远比人才引进更重要！也更具挑战性！

工业设计是西方工业革命的产物，是为解决工业化大生产（特别是由于分工）带来生产关系的革命而发展起来的一门交叉性、综合性很强的横向学科。因为工业化社会的生产力解放，得益于机械化及大批量生产，但机械化和大批量生产若没有大分工是行不通的。分工这个生产方式保证了机械化优势的发挥，使"大批量"得以实现，正是生产关系的调整才保证了生产力的解放。工业革命初期，为了避免大批量制造出来的产品所带来的不符合机械化生产、滞销、不好使用等问题，在大批量制造前必须事先策划，横向协调各工种之间的矛盾，以整合"需求、制造、流通、使用、回收"各社会环节的限制和利益。在这个背景下，设计开始从制造和销售中分离出来。因此，设计这个工业革命的新生事物从一开始就是为了解决小生产方式不适应大生产方式而被催生出来的一种"生产关系"，天生就是为了协调社会各工种、各专业、各利益集团的矛盾，以提高效率、促进经济发展、满足需求为目的，而自发产生的一种以横向的思维逻辑指导、用系统整合的方法、体现在创意、计划、流程、效果的统一上的工作方式。这才是工业设计（或称产业设计）的目的、本质，而不是俗称的"工业产品的设计"，也不是"技术的包装"，更不是"造型装饰美化"。由于这种设计方式的诞生是出于工业化这种统筹考虑系统整体利益的理论、方法、程序、技术和机制的活动，所以被称为 industrial design，我国翻译成"工业设计"，也许翻译成"产业设计"更为合适。由于工业设计初期的工作对象主要是产品，这就极容易被狭义地解释为"工业产品的设计"；或由于工业革命以来，出现了大批新事物，其外观造型与手工业时代的工艺美术品大相径庭，因此被表面地认为是产品的外观造型美化，而淡化了对其本质的理解—"工业时代设计活动的理念、方法"。这种与社会习俗按工作对象分类不同的、非"纵向"的观念和方法，从它诞生以来就是一种"横向"的协调矛盾，整合多学科、多专业隔阂的思想和方法。

工业设计自产生之初就是为了优化生产关系，协调社会各工种、各专业、各利益集团间矛盾，通过提高效率促进经济发展的学科，是一种横向思维、系统整合的方法。

在制造业服务化趋势背景下，在满足人们需求的上下游各企业集合体即"产业链"中，工业设计涉及众多领域，跨学科的特质必然能够起到协调结构系统和运营模式、满足市场需求和整个社会可持续发展的重要作用。以"后福特制"为代表的先进生产组织方式和管理，为设计创新机制的发挥提供了技术基础。

工业设计不是一个技巧、不是一个专业，它是产业结构调整的一个机制。工业设计的主体就是重组知识结构、产业链，要打造一个产业链，创造一种新的产业机制，我们现在都做产业结构研究，我们的产品引导社会健康、合理、可持续地发展。

西方的文明造就了一个分工合作的社会机制，中国的社会机制还远远没有健全，这是中国现代化以后要解决的问题，这不是说中国的传统问题，中国如果不解决这个问题，永远是被动的，就是我国培养出来的人到美国的平台能做出诺贝尔奖来，但在中国就形成不了。中国人是很聪明的，但是很分散不能集成。中国的发明创造也不少，但就是打不成"包"，一打包就马上会分这是你的，那是我的，落实起来有一定的难度。中国的工业设计自然不可能离开这个烙印，包括中国的设计师、设计企业，这个烙印都很深，必须老老实实地去反省。那么我觉得最好的办法就是通过政府的推动，在资金、政策等方面去引导，这是能改造过来的。问题是作为决策人掌握这个方向的人要从政策上去鼓励慢慢调整过来。

我国长期处在全球价值链的加工制造环节，造成低端锁定与核心环节缺失。此时，最需要的是向产品的研发、设计、营销和品牌等制造业产业链的高端环节进军，从现实产业技术基础出发，准确把握产业结构演进的创新力度，重点实现产业内升级，逐步形成制造业的高端竞争力。

调整目前设计园区结构，真正形成"政、产、学、研、商、金"的熔炉，而不是房地产营销载体。这是形成中国特色设计机制的平台。因为中国有大批中小、小微企业，不可能都走海尔、联想、华为等的道路。而中小微企业起步都是引进的，实质是加工型企业。需要在社会型产业链上下功夫，不要都走"小而全"或"大而全"之路。在设计引领下的产业链探索"专业化分工的契约型企业群"，即形成众星捧月之格局。这正是工业设计的本质—集成、整合的结构模式，也充分发挥强势政府的特色。正因为要靠市场经济，所以政策导向的作用更需突出！而不是"无为"！否则中国在虎视眈眈包围圈中会继续"被分工"成一盘散沙，成为国际大佬产业链上的"小星星"—"美、日、欧"的打工仔！中国设计就成了发达国家茶余饭后的"闲情逸致"的笑料！！！我们还自娱自乐地当"明星"或"小丑"！这话题很严峻啊！如芒刺在背上！

"设计公司"这个载体是西方传统工业社会大分工经济体系下的产物，"设计公司"的模式是他们社会产业链中的一环。

工业设计的主战场是在中国广大的制造业企业中，融合、集成、整合一切资源，形成产业创新，使中国有真正强大的"制"造业，进军"标准"，这样中国工业设计才能是世界领先的。

产业是指具有某种同类或类似属性的企业经济活动的集合。产业是社会分工的产物，凡是具有投入产出活动的产业和部门都可以列入产业的范畴。对产出成果的描述基本可判定一类经济活动是否具有产业属性。

不断强化产品引导趋向而导致的产品原型结构的变迁是工业设计产业诞生的首要原因。

各类文化消费比重的提升增加了工业化生产的不确定性，从需求层面促进了工业设计的产业化进程。

设计产业是指参与设计价值生产与传播的企业经济活动

的集合。设计产业是以工业产品设计为基础的产业体系，包含了以设计创意、形式传达、制造、流通、使用、回收环保为核心的基本过程，是典型的知识密集型、智力密集型和资金密集型产业。

广义的设计产业是指为一切工业化生产活动创造设计附加值的经济领域的总称，在产业链的纵向联结上向前段延伸至用户需求研究、设计研究、产品研究、材料和技术以及工艺制造研究等；向后逐渐扩大到产品的宣传、包装、营销、管理、流通、市场开发等环节；在横向联系上涵盖了平面设计、多媒体设计、环境艺术设计、展示设计、时装设计、装饰设计，直至传统手工艺设计等相关行业，其本质是应用工业设计的观念、方法去创造相应的经济价值与文化价值。狭义的设计产业则主要是指为工业类产品提供设计服务的经济领域的总称，具体包括用户需求定位研究、产品外观设计、结构设计、功能开发、原型制作、品牌设计、商业模式规划等相关工作内容。

设计产业通过设计劳动的商品化过程与贡献的社会化过程加以体现，具体包含设计劳动所创造价值的"规模化"与"市场化"两个基本阶段。设计价值的规模化过程，是指市场机制作用下的设计类产品、服务或其活动在规模上从无规模到充分规模，以及从较小规模到较大规模的发展过程；设计价值的市场化过程，是指市场机制对其中的设计类产品、服务或其活动从不发挥作用到充分发挥作用的过程，以及从较低程度发挥作用到较高程度发挥作用的过程。规模不足或市场机制不够健全将难以保障设计产业的良性发展。

工业设计产业是工业设计事业在经济层面的活动集合，是工业设计行业在市场、政策等层面经济活动的延伸，包含由价值生产、流通到最终实现的多个环节。工业设计产业对于国民经济而言，作用在于引导产业结构的改善，是强调设计机制对生产资源的引导与整合创新过程。判定工业设计活动是否具备产业属性的核心在于是否具备"批量化的产品""关联性的企业经济活动"以及所处的成长阶段。

工业设计产业以系统观念为导向，以整合创新为手段，以创造生产性资源的文化性结构为载体，是一种"价值创造型产业"，而有别于传统的"资源创造型产业"，具有知识经济的显著特征。伴随着文化消费结构比重的增加，以工业设计产业为代表的设计经济将逐步从传统生产制造体系与产品经济中独立出来，进行一种文化价值导向的设计创造，从而实现了设计的"增值结构的创新"，推动产业结构的升级。

工业设计产业的职能是从产品、企业和国民经济等方面展开实施，其中企业的职能是创造产品差异化、实现资源价值化、技术市场化和品牌化；国民经济职能包括培育消费市场、升级工业制造和调整产业结构。

未来人类的生活方式、生存行为和生存环境将是主导产业发展的大背景。当前，生产的过剩、针对性不强，消费盲从、缺乏引导与对个体价值的尊重，致使社会与产业领域都面临着资源匮乏、生态失衡和资金重复投入等严重问题，高昂的生产成本极大地阻碍了相应的产业进步与社会进步。工业设计能通过价值创造和事先干预等机制可协助解决上述问题。当代工业设计倡导的"绿色设计""简约设计"等理念，都力图去改善和创造更和谐的产业环境与社会环境。这些制造理念已日益被消费者和使用者所认同与重视。

语录——

Industrial Design
Thoughts in China
—
Quotation
—
226

设计是一种发展价值观。

注重需求目标系统而不是功能。

注重事而不是物。

注重物的外部因素而不是内部因素。

注重结构关系而不是元素。

注重整体而不是局部。

注重过程而不是状态。

注重理解而不是解释。

注重祈使而不是叙述。

注重设计师与用户的"主体间性"。

因势利导，适可而止。

超以象外，得其圜中。

中国有工业，但还没有完成工业化。

我常说不是"怎么做"，重要的是"做什么"。

不能只关注 want，洞察需求——need 最重要。对于客户"需求"的把握是商业的起点，不能把握"需求"的商业模式、营销策略、产品设计都是无本之木、无源之水。

学习李克强总理重要讲话后有感：设计是文化创意产业的核心，设计是以人类总体文明对工业文化、商业文化和资本文化的修正，也是平衡人类社会可持续发展和人类欲望的杠杆。在我国经济转型升级关键时刻，是物质文明与精神文明协调的催化剂！设计是人类灵魂的工程师！以无声的命令、无言的服务引导人类去创造公平、合理、健康的生活方式，实可谓是春雨润无声，是未来人类社会不被毁灭的良知、智慧与能力！

读书最大的益处是激发想象力和灵感，而不是看谁记住的知识多少？读书的目的绝不是为了记住多少知识，而是带着自己的思考让自己变得更有思想。学习的意义之一便是这样：看到黑暗，并于黑暗里看见更大、没有雾霾的蓝天、白云、阳光。

今天，我们看到的所谓的"国际设计"，实际上都是游学、工作于海外的那些人选择之后带回来的，都打上了主观的烙印，并不能代表其完整的文化。

现在设计界有一种倾向：一谈设计转型就必说网络、交互、智能，如果继续关注传统制造业产品设计就是落后；一谈设计教育就必说商业、赚钱，如果坚持人本、责任、理想就是空谈；一谈创新就必说技术革命，如果强调文化进入工业就是不接地气。我们总是跟风地在考虑"符号""元素""设计语言"，总认识不到设计是一种创新的思想方法，设计是一种多学科整合的系统工具，设计是一种在人类生活各个层面都发挥价值作用的终极指向。

工业设计的本质是整合、集成，不是最后一道工序，而是全程序的设计干预，似乎我们到现在还不明白设计的这个本质。

一提就是"落"地，对不对？都提落地，那明天呢，后天呢？一个民族如果没有仰望天空的人，都是眼前，那这个民族还行吗？中国有一句话叫"前人种树，后人乘凉"，现在是今天种树明天就要乘凉。

好的设计是关怀，给大家带来利益以及永恒性。设计师的考虑应该和商家不同，要从可持续发展考虑，尽量延长设计产品的寿命。

产品在使用价值与交换价值之外，还被人为地赋予了符号价值。符号价值表达着社会化的民族形象。"物"在诉说着我们是谁，我们如何经营、发展，以及我们之间的不同，表达了我们的生活方式、文化或价值观念，社会的差异被"物化"，或说"物化"了的社会关系。

审美是一种文化现象，这一文化性主题围绕着当代人的精神、价值等内在维度，它内敛地、沉淀地反映着时代的精神状态，体现着大变革时期人的价值理想的确立与维护。

时代美学思想下的审美感受终将刷新人类的灵性，美的陶冶将毫无例外地助长人心灵的感应力，激起人内心活力的生长，引导人们前瞻与向往。毫无疑问，人性的情感是随着现实存在的变化而相应变化的，但变化的方向需要美的滋养，以引导复杂的"现实存在"能在净化后的升华，为此，需要设计为人类的生活体验创造更多的审美理想。

人的概念太抽象了。人不仅是生物的人，而自古以来人的进化是以"社会的人"而存在——"人类社会"。工业化后，物质的丰富促进了商业的急剧膨胀，以至于营销与品牌的神圣化！即一切为了功利，才催生了追逐利润、资源的欺诈、掠夺、垄断、战争而不择手段，还美其名曰"国家、企业战略"！科技创新也日益成了商业模式的创新的催化剂！科技与商业本不是人类社会发展的目的，但这工具层面的手段却异化成以人为本的目的？！设计本应是人类社会能可持续发展的智慧，却被权力和物欲奴化成牟利的工具、技术和方法！

Industrial Design
Thoughts in China
—
Quotation
—
230

企业的战略必须被国家战略指引，而国家战略必受制于人类社会持续发展。试看真正的企业家内心关注的恰恰不是"利"，焦虑的是"人生"的哲理。消费者？不！应是"用户"的需求，也不！恰恰是"用户"潜在的需求！而潜在的需求是调查不出来的，是需要设计引导出来的！这就是设计之"本"，即意义和作用！从生活中发掘生存的"原型"，研究其抽象意义—DNA，所谓"生长型"的分享性服务设计系统才是设计的根本—"使用而不占有"！这就是人类社会的希望！才是真正的以人为本！

在设计学院里，绝不能把老师叫作老师，应该叫作"教练"，这个设计教育理念是我最近才悟出来的。让学生自己在"干中学"，要引导学生，绝不代替学生思考、选择和评价。

艺术是艺术家表达个人的感受，设计是协调人类理想与现实矛盾的，艺术与设计都绝对不是追求表面的美，中国把美和漂亮等同了。

最积极的办法是：不要简单地阿谀奉承，也不要简单地去回避，应该参与到这个浪潮里来，通过你的行为跟大家一块儿去改造它，这是最积极的。我们说经常给领导提意见，这个好提，谁都能提出一些意见来，难就难在你站在这个集体里边你去提建议，不要光提意见，最好提出解决问题的办法。这是积极的，说明你爱这个集体，而不是简单地骂、发牢骚，不解决问题反而引起大家的对立，于事无补。

"理论"不能只在书房里，古人云："读万卷书，行万里路！"只在书本里研究理论，不到生活里体验，只能成为"灰色"的理论。

一个产品的好坏自然就与这些信息的多少、综合的程度有关。所载的这类信息越多，这件产品就越好。这些被表达出来的信息越清晰、越有序，这件产品的价值就越高。并且，这些多元的、混杂的信息被组织起来后，反映出一些不同于同类产品反映出的信息，它的影响就大。

古人云"成于中者形于外"。我们搞工业设计的若不深刻地理解这个道理必定是会碰壁的。古往今来，多少不朽的艺术作品，不都是以它简洁而有规律的艺术手法，表达了极其深沉的思想内容引起人们感情上的共鸣。

为什么古代要有群落，要有氏族，要有国家？就一个原因，单独一个人不能抵御自然灾害，必须要有一个部落要有一个机构要有一个单元要有一个单位。就是这个道理。现在这些问题都淡化了，这是社会学家应该研究的问题，设计必须紧跟着这个来提出自己的设想，因为社会学家只提问题，设计师要拿出什么方案来解决这个问题，这是设计师要做的事情。

主动参与，开放心态，各尽所能，各就各位，融于民众，整体协调！"交响乐"而非独奏，团队精神—设计也！

什么样的观念决定什么样的方法，什么样的方法决定什么样的技术和工具。观念是最重要的。

人文的特征是多维交互生成的，它是在关系、反馈、协调、互生、包容当中产生的关系，没有一定的规律，而我们现在不探索这个东西，所以如果我们这么思考的话，我们完全可以不仰仗外国人。中华民族是一个世界级的民族，我们要学会思考，不要老是跟着外人走。

引进技术不是不好，也是一种学习。那是站在巨人肩膀上，应该看得更远，而恰恰只看脚底下。"它山之石"不去攻"玉"，却攻"利"。

小合作要放下态度，彼此尊重；大合作要放下利益，彼此平衡；一辈子的合作要放下性格，彼此成就。一味地索取，不懂付出，到最后两手空空如也。共同成长，才是生存之道。工作如此，爱情如此，婚姻如此，友谊如此，事业更是如此！与合作者互勉，共享。

有了目标，就有了苦恼；有了苦恼，就有了动力！这就是人类的希望！

人，如果只是一种生理机械的程序，只是利欲熏心的经营，那人类的生命将毫无意义可言。所幸的是，人类并非如此，人类作为充满血肉情感的生灵，我们有着无穷无尽的渴望、理想与追求，需要去尝试、探索、试验、实现。所以我们需要学习，要以探索未知过程中的情感和创造来引导自己的发展。人类的生命历程告诉我们，如果没有探索求知的意识，没有变革创新的设计，这个世界便没有任何价值。

沙子是废物，水泥也是废物，但它们混在一起是混凝土，就是精品；大米是精品，汽油也是精品，但它们混在一起就是废物。是精品还是废物不重要，跟谁混，很重要！

"革命阶段论"与"不断革命论"的辩证统一也适合设计界。也像"本源"和"流域"，两岸猿声啼不住，风光各异，虽各有千秋，然一江春水向东流，终归大海啊！"两岸风光"各异，但毕竟"百川归海"！

现在物质、科技太发达，精神、思想远远落后，这种物质和精神的不平衡状态就像一辆马车的一只子快，一只子慢，会翻车的。人类文明的马车已经发展成动车了，开车的司机、列车长、乘务员水平很重要。人类驾驶这辆车要驶向何方？会驶向何方？很难说，我对此是悲观的。说实话，不希望科技发展太快了，应该像漫步的马儿慢些走，但我知道这不可能。

规划是信仰，文化是洗礼；设计是信仰，生存是洗礼。

文化是空间维，是多维的横向存在；文明是时间维，是集成整合的纵向存在。文化是基因沿袭，是潜在、继承、多元、偶然、突变的；文明是后天习得，是选择、适应、必然、进化、发展的。

不同而不争。理想即方向。大我与我、我们之别。仁者之梦而不是强者之梦。强大不是伟大，伟大必定强大！格物、致志、修身、治国。上善若水。

大智者必谦和，大善者必宽容，唯有小智者才咄咄逼人，小善者才斤斤计较。有大气象者，不讲排场；讲大排场者，露小气象。大才朴实无华，小才华而不实；大成者谦逊平和，小成者不可一世。真正优雅的人，必定有包容万物、宽待众生的胸怀；真正高贵的人，面对强于己者不卑不亢，面对弱于己者平等视之。

读书的意义：不读书的人看到的是别人描绘的世界，读了书的人看到了丑陋和黑暗、只有读了很多书的人才可以站在巨人的肩膀上看到光明和希望。

设计的本源是创新，而创新产生效益则需要把握需求和有效管理。

最近看到一个词：社会创新。虽然很概括很空，但我理解：设计的方向是以人为中心的社会化设计，商业价值、用户价值、社会价值并存。体验设计将成为下一个关键词：交互为体验而设计。

未来的"群创"领域里，英雄主义式的精英模式其实将被当作只是一个被归纳"群众创意"的过程。目前与不久的将来，群众创意模式将会是推荐明星企业（客户）的重要渠道之一。

系统强调的是可控性与目标性，网络呈现的是不可控性与无目标性；系统的机制是优选，网络的机制是涌现。系统的特点是主流与非主流，网络的特点是泥沙俱下，海纳百川。系统之于网络，如同重力之于万有引力，是特例；如同有意识之于无意识，是瞬间。

欧洲现代主义曾经倡导的优良设计、设计民主化被美国商业主义的价值创新彻底打败之后，我看全球工业设计行业基本上只能在商场随波逐流，没有真正的出路。有点悲观，但是事实。

当一只玻璃杯中装满牛奶的时候，人们会说这是"牛奶"；当改装菜油的时候，人们会说这是"菜油"。只有当杯子空置时，人们才看到杯子，说这是一只"杯子"。同样，当我们心中装满成见、财富、权势的时候，就已经不是自己了；人往往热衷拥有很多，却往往难以真正地拥有自己。

观念大于技能，无形大于有形，系统大于个体。这就如同现代艺术对古典艺术的颠覆，当然这个过程不是单向的，它会轮回也会并行，但这一页翻过去就是过去了。

设计通过赋予产品意义，使产品不单有新形式，更能预期用户的需求和心理，提出新的愿景。设计赋予产品意义的方式与价值观、信仰、规范与传统息息相关。设计能改变事物原有的意义，进而促成新意义的产生。用户购买的不是设计物本身，而是购买设计物的意义来达到谋事的目的。

Industrial Design
Thoughts in China

—

Afterword

—

238

跋 ——

Industrial Design
Thoughts in China

Enlightenment

240

启蒙一一

ENLIGHTENMENT

Industrial Design
Thoughts in China
—
Enlightenment
—
242

我的祖籍是浙江宁波，而出生在1943年抗战时的重庆，在那里待了2年，然后又到汉口待了两三年，5岁时到了上海。小学教育和中学教育是在上海市五四中学，这所学校是1949年前的圣约翰大学附中和大同大学附中合并的，有些教会性质，是个重点中学。这个学校对我的影响很大，教文学的老师辛品莲是辛弃疾的后代，很有文采；教历史的老师蒋书文、地理的老师姚秉立知识也非常渊博，所以当时我对人文科学比较感兴趣。中学时因自己爱好，业余活动时就组织出黑板报，当时赶上"大跃进"，就到里弄、农村去画些招贴画、大标语之类的。

我喜欢画画，但是考中央工艺美院是个偶然。1961年工艺美院到上海来招生，招生老师是张振仕和另外一位老师。那时录取的人少，一个班只有15个人。像奚小彭先生创办的建筑装饰专业，以前一个班只有四五个学生。当时我对工艺美术没有概念，就是冲着建筑装饰专业去的。文化课主要参考中学各科的成绩，我在班里的成绩算是较优秀的，不必参加文化课的高考。口试主要问各人的理想，我当时主要想搞建筑。专业的考试：素描画的是"海盗"，色彩是写生玻璃花瓶中的美人蕉，设计考卷是让设计一个台灯。虽然之前没学过设计，但毕竟生活在上海，见的还是多些。在上海，我们系一共招了3个人。

按照现在的标准，我们的绘画都没受过专业的训练，只是小学时，在上海少年宫学过国画。那个时代上海的大环境比较左，班主任对学生的管理很严格，但这些对后来都有好处。

考入工艺美院后的第一门课是陈圣谋老师的图案课，他和韩美林是同班同学，是个非常优秀的老师，后来到江西去了。韩问老师教素描，他严格按照契斯恰科夫素描教学体系来教我们，同时要求画速写，提倡用多种工具，教我们自己做苇子笔。当时我们用钢笔、苇子笔在颐和园画了大量的写生。一年级就是画素描、色彩、图案。一年级下学期奚小彭老师给我们上图案课，他上的图案课不是现在的方法，而是让你从生活中找素材做一个适合图案—建筑装饰板。在上课时他还带我们去看人民大会堂和十大建筑，向我们介绍设计的观念，细部处理的思路、工艺，使我们感受到了建筑的尺度、比例和对美的评价角度。另外有个老师崔毅，她让我们临摹敦煌图案，现在想想临摹图案对颜色的敏感度训练大有好处。摹本是前人临摹的敦煌藻井图案印刷品，临摹的作品颜色都发旧了，色彩间有微妙的差别。当时都是用水粉调色，画得不合适就撕掉重来。老先生教的图案课留给我的就是色彩的判断能力。三个老师的图案课风格不同，奚小彭是结合专业，陈圣谋是动物写生变形图案，崔毅是传统纹样图案。动物图案也是到动物园写生回来做单独纹样的变化。在我们系图案不算大课，到二年级就没有了。当时都是五年制，到了"文革"以后才改成四年制。再有的是装饰工程课，是顾恒先生教，他长得特别像周恩来；他让我们懂得了装饰效果与材料、构造、工艺的统一。胡文彦先生教制图和明式家具。还有谈仲萱，教测绘明式家具。罗无逸老师教家具设计，这个老先生特别好，很慈祥。他指导的东西都很具体、实在，还带我们到北京木材厂实习过一个多月。

当时的教学有一点特别好，不仅在课堂学，奚小彭先生和潘昌侯先生还带我们去参观，一边参观一边讲。当时奚小彭先生虽然不是院领导，但是他起到了一个学术带头人的作用，他的设计实践经验非常丰富，他留给我们最宝贵的东西就是评价能力。他和很多专家在一起，有很多实际经验，又搞了很多大工程，大工程的领导又很挑剔，需要来回改，推敲得非常细腻。他经常带我们参观，参观时就评价这个颜色现在看来太深了、柱子看来太高了点、线脚看来太细了点等。当时我们虽然没有现在这样的眼界和机会看如今的花花世界，但在有限的案例中一开始就伴随着分析和评价，而不像现在学生们淹没在无方向的信息海洋中。他的评价无形当中使我们受益匪浅，从奚先生那里学到了必须和实践结合，以及鉴赏和判断能力。

另外一个印象很深的老师就是潘昌侯先生。奚先生还是有艺术家的气质，而潘先生是搞建筑的，更严谨。他教我们时的题目我还记得非常清楚：庭园联立式住宅设计，类似于别墅、Town House。这牵涉很多生活方式、功能组合、建筑结构问题，如坡顶做法的散水问题。因为是联立的，坡顶之间相互有影响，设计的时候坡顶之间的关系要处理，这就要解决空间的变化问题。在这之前也搞方案，但那一刻才明显地感觉到要多出方案，而且自己要推敲，拿出方案的同时要拿出根据来，对方案要分析，说出理由根据，不能只是好看不好看。潘先生对

中国
工业设计
新想
-
跋·启蒙
-
245

事物的评价标准也是有力、浑厚、层次清晰、简洁等，这是从图案的角度或艺术角度的评判。但是从建筑设计角度，必须理性地把各个方面想周全。像地面落差问题、空间转角问题、转角之后怎么处理，顶、墙和地面的交接问题，朝阳问题，散水问题，还有气候的影响问题等，通过潘先生我们接触了建筑设计的一整套的观念、程序，使我真正理解设计的基本方法和理念。

当时我们的学制是五年，其中有一年参加了"四清"（农村社会主义教育运动）。三年级那年到了邢台，当时那里是重灾区，在那里经历了所谓最艰苦的底层的生活。"四清"时生产队里的干部都靠边站了，我们白天要当生产队长，晚上领着群众搞运动：访贫问苦、串联、批斗"四不清"干部、查账。现在回过头来想，除却它是一场政治运动外，也锻炼了我们城里长大的青年，能吃苦耐劳，又学会了社会的组织能力。"四清"以后学雷锋、学毛选，"文革"前期已经很左了。1966年6月6日开始的"文化大革命"前的五年级下学期毕业设计开始，我们的毕业设计就是到昌平木器厂设计一套农村家具。当时也是早晨带着工人军训，白天和工人一起干活，晚上才能自己搞设计。自己去当地农民家庭调研，研究农村的生活、起居以及炕桌、炕几、炕柜等，怎么结合新的大生产"语言"设计一套家具体现新农村的农民生活。我们刚刚回到学校，"文革"就开始了，把一切全都打乱了，本来回来是要毕业答辩的，这些都取消了。原来的分配方案是辛华泉和我都是要留校的，我留下来当老师，辛华泉到党委办公室，作为后备的领导干部。辛华泉是非常能干的一个人，很有组织能力，当时是我们班的班长。"文革"开始后，分配也没有进行，全年级都留在学校搞"文化大革命"了，1966届至1969届4届是放在一起，在1969年3月统一分配的。

建筑装饰系在学院里可以说是最活跃的，因为它比较结合工程，结合社会实践，再加上奚先生和国务院机关事务管理局关系非常好，能够拿到国家的大项目，所以别的系的老师都非常羡慕。当时奚先生就说我们是"导演系"，就是能够将所有的系组织起来体现这个学院的整体实力，包括十大建筑的成功也是学院各专业整体合作的结果。

我们的系名字也改了好几次，开始叫室内装饰，后来奚小鹏老师提议叫室内陈设，后来因为搞十大建筑，奚先生就改系名为建筑装饰，一直到"文化大革命"以后又改成工业美术系。当时理解的装饰和后来的就不一样，当时毕竟对设计的理解还不够深，对于装饰的概念没有很反感或抵触，也没有深入地思考。后来接触到潘先生的课以后，才知道外表的东西没那么简单，画下了一道"线"，能用什么材料和工艺技术做出来呢？不能只用颜料在纸上描，必须是有起伏，是线脚还是接缝？这时就有了空间、材料、结构、工艺的概念。每一条线画下去要考虑好要怎么做出来？

说实话我们当时对理论的重视并不够。潘先生常会给我们办一些讲座，我们听了以后才开始关注一些，原来的认识是很模糊的，看的书也有限。看一些中国的古典文学、外国的小说，真正的专业书看得并不多，也没有条件。当时的图书馆有教师阅览室、学生阅览室，教师阅览室我们进不去。但是教学楼走廊两边经常展示各系同学们的作业和老师们的作品，这开拓了我对姐妹专业的视野。何镇强老师比较热情，和同学的关系比较融洽，他有时约好时间专门带我们去看外国杂志。那时只要有展览，我们全班都会去看。当时"东四"有个情报研究所，里面有各种外国杂志，别的地方看不到借不到，我们打听了以后就自己去看，那时觉得非常宝贵。当时已经有了意大利的《Domus》杂志。

那时的学生都非常用功，班里自然就形成一种竞争的态势，比如老师布置2张作业，肯定有学生画3张，有人画3张就会有人画4张，行情不断地长，学生都是拼了命地学。我们系当时就是"加班系"，画完了就展示在走廊上，互相间交流挺多的。那时学院并不大，人也不多，各系都比较熟。从这一点上来看，学风和现在有差别。现在获取信息都是上网，同学之间的讨论交流比较少了。我们班的男生比较多，10个男生集中住在一个大屋子里—原光华路校区老行政楼的五楼南端，出去就是一个阳台，到了晚上大家就争论专业的话题，谁也不服谁。那时的学术活动是很少的，大家就非常珍视这个讨论的机会，这种争论也特别有好处，激发想法。那时学院的规模比较小，相互间比较熟悉，很容易讨论起来。现在大了，反而有距离感。世界上的艺术设计院校规模都不大，交流合作的气氛比较浓厚。搬到这里来以后，很糟糕的就是人气没了，一下散到这个大机器里了。过去每天都能在校园里见到老师、同学，现在几个星期见不到人是很正常的，我们的公共空间要考虑调整。大学的校园建设本身就是一个课题，清华大学这么大，学生真正能够聚合的地方很少。前几年有一个搞设计的国外专家到这里的校园来参观，进来以后沿主路走到主楼，往西拐，就问清华在哪里，我们说这就是清华，他很直率地说这里像个公司，直到走到二校门以后才感觉到像大学。当然他有西方人的概念，但也的确值得我们反省。

Industrial Design
Thoughts in China

—

Hone

—

250

磨炼——

Industrial Design
Thoughts in China
—
Hone
—

1966 年 6 月后留在学校参加"文革"是由军宣队、工宣队军事化管理。我们是到 1969 年才分配的，要分配的头天晚上被通知要打好行李，但不知道要去哪里。第二天早上 7:30 像出早操一样地集合在操场里，按系和年级集合排好队，军宣队的人就站在领操台上念名单，宣布某某到哪里去，在旁边，卡车已经等在那里，念到名字的同学把行李往上一搬，当时就拉走，就像押犯人一样，连后边的同学分到哪里也不知道。因"文革"期间我院出了个画《毛主席去安源》的刘春华，江青说了一句"工艺美院还有用，不要下放到三线"，其他的艺术院校像中央美院都到三线去了，工艺美院的 3 届毕业生全留在北京了，算是分配最好的了，但都是到了生产第一线，编制是工人。我当时因为出身不好，就分在市政三公司，到西郊"模式口"修下水道。后来又调到宣武区（今西城区）公园当绿化工人，人称"远看逃荒的，近看要饭的，仔细一看是绿化队的"，这样的工作一直干了 4 年多。在这样艰苦的情况下，我依旧工作得很卖力，除了画主席像、写大语录牌外，绿化工作的植树、浇水、打药、修剪、扫地、掏茅房是主业。当上了公园班长之后，我不甘心完全放弃专业，每逢周日骑着板车满大街去捡碎砖头，自己设计、自己施工，因陋就简地为街道公园建宣传廊和大门等建筑小品。

"文革"后期，分配后的同学经常串联起来到北京市人事局走访，呼吁专业应该归队，因为当时李先念有个讲话就是"专业归队"。当时我国的外交也活跃起来了，北京建筑设计院缺搞室内设计的人，通过一些渠道得知工艺美院有一批学生散在社会上，就开始把这些人招回来，因此我进了北京建筑设计院。在北京建筑设计院的研究室工作，遇到的最突出的问题就是灯具设计问题。人民大会堂等十大建筑建成后，灯具常出事故。我们调查研究后发现了很多问题，发现设计光在纸上画图是发现不了问题，北京建筑设计院研究室就专门成立了灯具组。我下到工厂，我就提出了灯具要标准化、组合化，在当时北京灯具厂蹲点2年，整理了该厂生产过的几百种灯具、灯罩，归纳后重新设计出几十种（套）灯具系列，并动手与工厂的技师一一地做出实样，使之造型、结构、工艺等的关系统一考虑，使其零部件标准化后可以互换，这样设计的灯具既能生产，又易安装维护，也有益于将来替换。同时我又请教清华大学建筑系照明专家詹庆旋教授，跟随他一起做灯具的光效测试和照度计算、布局。在我编制的"灯具定型样本"中，每种灯具都配有"发光效率"和"配光曲线"，这在20世纪70年代初我已自发地进入了工业设计的领域。

后来，有幸参加了"毛主席纪念堂"的工程。比我高几届的何镇强的爱人黄德玲设计纪念堂瞻仰厅的"葵花灯"，我被安排设计纪念堂里边所有厅室的灯具。工程进度只有半年时间，必须连设计带工艺、制造都要如期完成。我想如果每个厅室都要有一种灯，就得开数十套模具和数十种灯罩，根本来不及。于是就想到采用"标准化的组合"的方式，由于自己平时关注建筑结构，想到用"球点网架"结构来解决纪念堂灯具既要庄严、肃穆，又要多样、统一、简洁的矛盾。我设计寓意传递毛主席思想的"涟漪"图案，用一个 10 平方厘米、透明有机玻璃做标准单元，能折射出晶莹剔透的照明效果，工艺简洁、效能合理。我设计的灯具结构骨架按照建筑的球节点结构，可以任意组装，大小可按 10cm 的倍数上下、左右扩展，以适应不同大小空间的厅室的吊顶，其网架结构也不挡光。一个任意大的球节点网架的灯具也就只由 6 种小零件的组合，便于安装、易于维护，模具简单，又可以方便批量生产，更是解决了工期短的矛盾。我在厚 10 毫米的有机玻璃上面设计了一个个高浮雕形的同心圆，像涟漪一样扩散，象征毛主席的思想。这个方案非常简洁，就被通过了。由于整个灯具的结构是极具创新又极具挑战的，要求其结构骨架不遮光，耐高温、强度、韧度等机械性能必须达到纪念堂的抗震要求。设计的技术关键是球节点网架结构的材料，我就查阅工程塑料的资料，找到一种高强度的聚碳酸酯（PC），但当时国内没有这优良的原材料，大连倒有，但其颜色却浑浊得像茶色一样，透光率很差。我就专门到物资局办申请手续，进口联邦德国的聚碳酸酯。方案通过后，工程指挥部同意从联邦德国进口空运，但当联邦德国进口的聚碳酸酯材料的加工，北京所有的厂家都不敢接手，因为是给毛主席纪念堂用的，一般的厂家都没有做过这种工程塑料，怕担风险。我最后找到了宁波的一个集体所有制小厂，其技术负责人汤工勇敢地承接了这个任务，他们做了十几次注塑工艺试验，这个名叫"晶体组合灯"终于成功了。这项社会重大工程项目的设计实践对我来说太重要了，影响了我后来的工业设计情结，我工艺美院研究生毕业论文题目《标准化组合化之美》就是我在灯具厂做标准定型和"毛主席纪念堂"实践的结晶，该论文得到了当时工艺美院院长庞薰琹先生的好评。

在北京市建筑设计院的近5年里，在那里最重要的是为北京灯具厂做灯具的标准定型工作；最大的工程就是设计"毛主席纪念堂"灯具，其他都是一些配合其他设计室做的外事使馆工程。当时感觉灯具设计如果不标准化组合化，根本不行。实际上，这也正契合了工业设计的思想。

由于毕业后一直在基层当工人，初次回到建筑设计院从事专业，既没设计经验，也没框框，还因为自己十分珍惜这设计机会，所以兢兢业业地全身心投入。记得第一次做的项目是为小型使馆工程（23号使馆）做室内灯具的设计，当时并没有马上找资料、看外国灯具样本，而是仔细查阅研究该使馆室内设计的平、立、剖面图纸，理解各厅室的功能、平面关联与厅室形状、尺度的关系，以充实建筑师的空间构思意图，然后梳理、想象出各厅室的照明意义和照明氛围，在这基础上才开始构思具体的灯具如何达到这种效果。现在回想：这实际上先"照明定位"，然后才寻找解决灯具定位的过程，无形中正确地吻合了工业设计的提出问题、解决问题的程序。由于小型使馆的空间尺度有限，室内高度才3~4米，吊顶与天花板距地面尺寸不允许做一般大型公共建筑空间的枝型花吊灯，而使馆的门厅、宴会厅、接待厅灯的水平、垂直照度以及配光要求都不低，如何体现使馆外事接待的需要，则是设计该关注的要点。为此我自然就不可能在单个"灯具"的样式或装饰上做文章了，而只能在层高低的限制下"照明"了，这就自然地把我引入正确的设计创意了。我大概花了近一个月的时间完成了该使馆全套照明与灯具装置的设计方案，并把灯具图纸，包括详细的结构图、零配件的拆件图拿到当时专门做公共建筑灯具的北京灯具厂。该厂为"十大建筑"灯具加工的专家黄耀昌总工看了我的图纸，许久不说话，又调来了该厂诸多技术师傅来看，也没发表意见。我心里惴惴不安，便说："黄总，您有什么意见就直接说吧！"，没想到他说："小柳，你设计的叫灯吗？"我一听后直出冷汗，夹着图纸就回家了。回家仔细一想，这怎么不是灯？有灯泡、有灯头、有反射罩、有对流散热装置、有安装结构，还有配光曲线图等，怎么不叫灯？忽然！我明白了一个道理！我设计的不是一个灯具造型，而是设计了一套低空间的"照明"，而不是个"灯具"！它是与建筑大梁和顶棚固定的照明装置，在顶棚下没有了一般花型吊灯形状，只有与顶棚浑然一体的天花板，但是能满足照明的要求。第二天，我抱着图纸又见到黄总，我先发话："黄总，您说什么叫灯？"估计他也思考过了，回道："这与顶棚直接一体结构的钣金工艺如何更容易加工？"……这个实践经历使我明白了设计是从解决问题本质入手，而不是从造型入手的真理！

在建筑设计界工作了近5年，当时的建筑设计项目极多，设计院就好像是个图纸工厂，几乎没有时间做设计定位研究，而且基础性的研究更是不足。其实，中国到现在设计界，包括工业设计都有这样的弊病：基础研究的缺

失很严重。当时北京的外交工程很多，建筑设计院已经
忙得不得了了，它是北京最大的设计院，有 1500 人，
工作起来就像流水线的操作工人一样，只要出图，别的
不用管。当时关系到民生的所谓小项目没人关注，好像
做外交工程就高人一等，做民用建筑就低人一等。记得
当时有个设计公共厕所的任务，谁都不愿意搞。

中国
工业设计
断想
-
跋·磨炼
-

Industrial Design
Thoughts in China

—

Quenching

—

260

淬火 一

QUENCHING

Industrial Design
Thoughts in China
—
Quenching
—
262

到了 1977 年，学院恢复招生了，缺老师，工艺美院找我谈话，问我能否回来，我表态愿意回来。但建筑设计院不放，因为搞室内的就这么几个人：第七设计室有张绮曼，研究室还有张德山，其他就没有几个人了。后来工艺美院采取招收研究生的方式来补充师资，我就和北京院的张德山，原工艺美院 67 届的王明旨一起复习准备考试。当时的考试和现在不一样，我们十几个人在工艺美院考了一个星期，住在一个教室里，晚上不回家，睡地铺。考题好像是一个高档别墅起居室的室内设计，要求从方案开始，直到效果图、施工图都得画出来。王明旨、张绮曼、张德山、贾延良、朱仁普、常大伟、黄林、朱小平和我都是同届工业美术系的研究生。考上研究生后要分专业，当时工艺美院的工业美术系（"文革"前是建筑装饰系）分设室内设计和工业美术两个专业，可以自己报，我和王明旨当时就报了工业美术。虽然原来在建筑设计院的工作是室内设计，但我认为仅做装饰比较浮于表面，没有坚实的支撑点。而工业美术能解决具体的问题，有潜在的需要和发展的空间。

上大学时是懵懵懂懂，没有那么多想法，比较书呆子型。而这次回来读研究生就比较清楚了，因为在社会上跌撞过，回来读研就想好好做点事情。

研究生时几乎是不上课，就是跟着潘先生（工业美术专业）和奚先生（室内设计专业）做课题，学院有讲座可以去听，很自由。这就很看重自觉性，有了自己看书、听讲座、思考、做工程实践的机会。当时开始关注工业美术（也就是后来的工业设计）方面的知识，资料来源就是到图书馆，翻看杂志。学习目标也没有非常清楚，多是从实践的角度，跟着潘先生做了很多项目。印象最深的是给常州客车厂做大轿车，当时和王明旨、教工艺的王溯然老师一起在那里蹲点了三个月。画好了图，做模型的时候没有油泥，就光着脚去踩黄土加上麻刀，然后在木架子上做一比一的模型，怕第二天裂，晚上还要用湿布盖上。

1980 年 10 月我们研究生毕业，1981 年 3 月就到联邦德国做访问学者了。其实在 1978 年 9 月研究生入学以后，紧接着就有一个出国考试，第一次考试我（英语）和王明旨（日语）都通过了，当时的要求比较低，过了线之后就等通知，一年多以后通知就来了。我当时填的是美国纽约 Pratt 学院，是潘昌侯教授推荐的。但后来教育部通知学工科的把去美国的名额都占满了，有去联邦德国的机会。我不会德语，但可以培训。于是就去了联邦德国，纯属巧合。纽约的 Pratt 学院也是一所享有盛名、很经典的工业设计学院，2013 年有幸到该学院访问，同事们开玩笑说，若当时到 Pratt 学院访问，柳冠中的主张可能与现在完全不同！

1980 年我研究生毕业虽然留校了，但没有教课，研究生一毕业马上就到语言学院进入从"零"开始的德语培训，3 个月后通过德语"初级二"的语言关之后，我就拿到了联邦德国学者交流委员会（DAAD）给的奖学金，到联邦德国做访问学者。到了联邦德国之后先到歌德学院学习了 3 个月，只有通过了德语"中级二"才能进专业学校进修。进学校之前，联邦德国方面帮我联系的是

ESSEN大学的厨房设计专业。以当时中国的生活水平，厨房根本谈不上设计，所以我没有接受。我读德语的那个城市离斯图加特很近，通过熟人打听到"国立斯图加特造型艺术学院"的历史很悠久，实际上包豪斯的前身是它的一部分，包豪斯学院的师资相当部分源于该校。到那里就和该院的工业设计系主任雷曼教授一拍即合，他很高兴有中国学生，在这之前还没有中国的留学生。在这里，我学到了完整的工业设计的概念。

在那里我可以随便选课程。平时和他们的本科学生一起上课。有个体会就是他们的一个课题是从学期的第一天做到最后一天。那儿的专业有一个惯例，四年当中必须有一个学期到别的专业去拿学分。我有一个学期到室内设计专业做了"节点"设计课题，其实就是家具设计。学工业设计不光是关注外观，还有结构和连接方式、组合的可能性，要从中推敲出新的可能性。这就要求必须动手制作。开始的方案可能不能实现，必须在加工过程当中探索、实验，在不断发现新问题的过程中完善设计方案。我当时最终完成的作品是1:1的实物，就是一个利用球点网架结构的原理做的可任意组合、拼装的家具、展架"节点"设计。

Industrial Design
Thoughts in China
—
Responsibility
—
266

担当——

RESPONSIBILITY

Industrial Design
Thoughts in China

—

Responsibility

—

268

在联邦德国的 3 年进修，其实当时主要是体验所谓发达国家的风土人情、基础设施，看展览、市场、杂志和实物资料。那 3 年多是观察、学习，并未深入思考，但开拓了视野，在课题实践中打开了思路，知道了世界原来可以是这样的，一切必须从"发现问题"入手，在"解决问题"的过程中进行设计。我是 1984 年 3 月回国的，4 月马上就给史习平（1981 级室内设计本科班）老师那个班上课。收获很大的就是当时上的综合造型基础，第一次向学生传授形态要和材料、结构、工艺紧密相连，只有在做的过程中才能体会，是画图画不出来的。这个课的过程和效果都比较突出，对学生的影响很大。大家过去的认识还是纯形式的东西，材料与结构是后来才去调整，其实一开始就该考虑整体。同年 8 月，常院长就找我和王明旨，要成立工业设计系，让我挑起了一个系的建设重担。如果我回来只是当个老师，可能和现在走的路不一样。当了系主任之后给了我巨大的压力，要回忆联邦德国的课程是怎么上的，要从培养工业设计人才的高度，全面又系统制定出工业设计系的教学大纲。

记得在我回国后第一个暑假看了一些书，印象很深。一本是《伟大的探索者—爱因斯坦》（朱亚宗著，人民出版社，1985 年版），坚定了做事业的目的和毅力的重要；又看了四川人民出版社出版的一套《走向未来丛书》，都是小册子，对我的影响也极大，它们使我的观念打开了；更有幸的是精读了生物学家贝塔朗非的《一般系统论》，明白了一切事物都存在于"系统"之中，不管你是否看得见，只有"系统"有意义，系统是"要素"的关系、"结构"，否则"要素"是没有意义的。这个属于"认识论"的思维方式对我以后的"事理学"思维方法构建影响极为深远。

同时我又经常浏览《文摘报》对好的书和文章的短、平、快的解释、介绍；《瞭望》杂志曾谈到将来社会发展的变化，整个社会的潮流。这时我开始思考，眼界也放到另外一个角度看，不止是从专业角度看，而是从社会发展的角度看，这些至今对我影响很深。也就是对设计的认识不能光从一个专业的角度，而应该是任何专业、学科发展都要与一个国家、一个民族的生存发展息息相关，这也正与和我之前曾在基层、工厂、研究室待过的经历联系起来了。

"工业设计系"这个名字是我和王明旨要求的，按照国际上的惯例叫工业设计。我觉得常院长还是很能接受新思想的，工业设计系成立的时候，院里也通过了，但我们的观点和提出的东西，受到了很多老先生的责难。一开始的时候还可以，但后来我们经常发表自己的观点，比如，设计要讲整体。一般的观点是"美化""装饰"，而我们当时对装饰提出了自己的看法：装饰不是本质，不是本质的东西是可有可无的应该去掉。对工艺美术也提出了自己的看法，当时老先生们包括国内很多学者，都认为工业设计只是工艺美术一棵大树上的一株新枝，我们认为不是这么回事。它们源自一个，有相同的地方，但走的路有差别，很多领域是工艺美术涉及不到的。当时这在社会上也引起了很多的反响或者说非议吧。

设计基础不是单独讲构成或造型，是要跟材料、工艺、构造、技术整合在一起的。我们不讲功能和形式，因为功能和形式是分不开的。国内讲功能形式是从包豪斯翻译过来的，"功能决定形式"也好，"形式表达功能"也好，实际上很容易误导，我们讲整体。分析的"分"不是为了分，是为了析出要素之间的关联，理解了整体是由具备"关系"的逻辑，要素才有意义这个道理。基础课中的"结构素描"，就是培训学生理解"形"的能力，以及表达"形"在物的结构中的"大关系"。结构素描最后的作业是给出一张三视图，让它变成一个真东西，要做出来。当时，我们一开始就把过去很多单门的课程捏在一起，就像现在讲的课程群。教学大纲基本上没有改动，一直延续下来了。在国内影响也很大，大家都在效仿我们这个体系。1997年评为重点二级学科，当时国内已经有100多所院校开设工业设计专业了。

刚开始我们就很清楚，要培养具备综合知识和能力的人，强调动手能力，每个同学每个课题必须做东西，而且做的东西必须答辩。当时也很轰动，全院开放答辩，每次课程都要答辩，锻炼学生的口头表达能力、综合表达能力，而且还要做报告书，不是光看图，还要将设计根据讲出来。其实当时条件很差，成立时一分钱也没有，所有的都是靠自己，学生做作业的时候工具就是砂纸、锉刀、锤子、老虎钳、剪刀，没有别的。我和系秘书杨安平蹬着平板三轮买石膏给学生做模型。任何东西都是靠锉和磨，没有设备。这样，学生的动手能力就特别强，因为他们体会了材料的材性、构性、工艺性与型性的内在关联。现在都靠电脑来完成，材料的感觉没有了，任何电脑图形都能生成，但是怎么个做法只是"黑洞"。当时最重要的就是开了"动脑"又"动手"的综合造型基础课。再一个就是设计程序与方法课，从调查分析问题，到判断分析、定位，之后做草图，按照定位的要求探索制造的可行性来审核"创造"。整个这套和我过去上学时的靠感觉、靠视觉经验不同，等于把设计教学从艺术迈到了设计这一步。从这时候开始，我们的工业设计基本有自己的骨架了。又开了人机学应用、结构素描等课程。构成课在我们系整合了之后基本上就不上了，就是靠综合造型基础来解决。学生一开始接触形态就是个完整的概念，不是把形态和色彩、工艺、结构分开来说，树立了"美"不是外表的，而是人的客观存在塑造了人的主观审美意识，审美活动是审美意识对审美对象的"反馈"，而不只受制于对象的外表。

《综合造型设计基础》课我一直在教，这是门工业设计专业的核心课。我系第一届毕业生留校的史习平老师也教过这课，再后来第二届、第三届的毕业生邱松、刘志国老师组成了一个教学梯队。现在已是教育部的一个精品课程，从大一上到大三。当时流行构成，但我们系不上构成课。我认为设计基础模式不是"金字塔"三角形的，不是所谓的宽口径，厚基础。因为基础的"厚"无止境，没法评价。我认为应该是"鱼骨架"型的，任何知识、技术、手段都要汇集于脊柱这个系统—设计的目的。我们一直把设计当作目的，目的清楚的情况下再讲基础。而基础是无限的，一辈子要打基础，所以低年级有基础课，高年级也有基础课。低年级也在上专业课，设计无标题的题目。实际上是基础训练，抽象的设计，锻炼学生处理矛盾的能力。

从 1984 年开始上这个课，但是后来一成立基础部，我们这个课就没法上了。当时实际上带来一个非常大的危机，两年的基础部的基础课实际上的都是美术基础。当时所有老师都同意基础部成立，只有我一个反对。因为我认为美术基础、工艺美术基础还没弄清，现在又把设计基础弄到美术基础里边去。它们有相同的，但是很多是不一样的。这样一来就逼着我们在三、四年级的 2 年里要培养出合格的设计人才，这在某种程度上给我们提出了高要求。实际上也给我们带来一个好处，就是怎么来压缩，从里边挑出精髓来。一方面是打乱了我们的教学计划，但另外也使我们再思考。现在我们在二、三、四年级上的都是综合课。不是像过去 5 周或者 8 周一个设计课，学生都是最后一两周忙，前面都是放羊了，5 周课和 8 周课的成果几乎是一样的。

Industrial Design
Thoughts in China

—

To construct

—

274

构筑—— TO CONSTRUCT

Industrial Design
Thoughts in China

—

To construct

—

276

我在国内最早开设了《设计程序和方法》课。设计不是凭感觉，不是凭天才，不是凭凑巧，而是有一套程序方法。它像管理一样是先有程序的合理性，才会有结果的合理性。过去师傅带徒弟的方法，凭感觉，可能会出一两个优秀人才，但是大部分人悟不出来。我的观点是：大学是批量培养合格人才，而不能仅培养几个尖子。再说大师的儿子有几个超过他的父辈？人才不能仅靠大学培养，大学也就4年，而社会才是人才辈出的"大学校"。何况当今知识爆炸，大学学的知识很快就过时了。"授人以鱼不如授人以渔"告诉我们一个真理，大学是打基础的，发现问题的"思维"方法和解决问题的"思维"方法。《综合造型设计基础》就是设计教育的思维基础之一，而《设计程序与方法》则是研究事物和事物之间的规律的"姐妹篇"。设计的问题再复杂，但基本上不外乎有几类问题是不会变的，如设计对象与人（使用者、制造者、运输者、维修者等），与制造（材料、技术、装备、工艺、标准、生产方式等），与流通（产权、成本、营销、市场、管理等），与使用（原理、人机、环境、条件、文化、心理等），与回收（生态、标准、经济、政策、习俗等）的关系等。实际上设计都是在研究上述问题过程中不断学习、积累经验和知识，以发现、理解、解决问题的过程。学习"设计程序和方法"就是思维能力的训练，以掌握复杂知识体系的关联，从而学会在这过程中逐渐剥离出、梳理出、整合出复杂的人与知识、人与社会的复杂系统的结构，从而提出可行性方案，而不可能只凭技巧和灵感。

当时的专业只有工业设计，没有分产品设计、展示设计，到 20 世纪 90 年代初才有了展示专业。我们是一直抵制叫"产品设计"的提法。因为把物当作设计目标的话，你不可能激发创造力，而工业设计不是工作对象的分类，它是设计方法的分类，是典型的"横向"的学科。像染织、陶瓷、建筑等都是按工作对象的"纵向"分类，唯独工业设计是横向的。这是工业设计最大的特点。当时轻工部要我们开设"玩具专业"，并增加拨款，但我们抵制了。按此类推，我们还应开洗衣机专业、冰箱专业等。我们说大学不可能培养这样的技校的人才，如果这样的话，有几千种行业都得开设专业，就不是大学了，那是技校、大专的设置。所以我们一直强调教规律，教方法，在方法引导下的知识传授就可以再生知识、补充知识、整合知识、创新知识。强调方法要以某一课题作为载体，我们经常强调你会纸的设计，就应该会钢板、塑料板的设计。这是工业设计系教育的最大特点。我们一直叫工业设计，跟清华合并以后才叫产品设计，这是不懂"设计"的"规定"，实际上局限了"设计"的学科发展。我们工业设计系的基础课和专业课一直是交叉存在的。这是我们的特点。

我们还坚持让教设计专业课的老师去教设计基础课。当然，我们理解的基础课不能仍只是通常大部分设计专业院校设置的"绘画"基础，那不是设计的基础，这个误会 30 多年来至今一直没有解决。工艺美院设了"基础部"，撤销以后又成立一个基础教研室，还是炒冷饭，可能目前的教育体制只能如此。设计基础的根本问题一直没有解决，这不仅是我们学院也是中国设计教育需要改革的一个重大的问题。工艺美术学院的基础到底是什么？连画家陈丹青教授也都认为绘画不一定是美术学科的基础，更何况设计类院校。

我当时主持制定的"工业设计教学大纲"，经过了老师反复讨论，与同学交流，多次修改。制定过程当中大家都觉得能够适应，就报上去了。当时与其他院校的专业大纲的差别是非常大的，我们主要强调一个思维逻辑、程序的概念，首先要"定位"。如我一贯主张设计创新不能只关注"怎么做"？重要的是"做什么"？首先要弄清楚"为什么做"之后，你再选择用什么材料、结构、形态来表达。也就是"目的在先"，"手段在后"，这不仅是逻辑上的先，也是时间上的先。

工业设计系的本科教学大纲的制定，既参照了国外工业设计学科的一般规律，又参照中国自己人才培养的需求，还必须考虑处在首都北京的中央工艺美术学院的定位。照搬外国的肯定不行，随大流的艺术学科培养艺术家的道路也不行。作为一个大国的设计教育体系，必定应是分层次的、有系统的。国内当时已有几十所院校设置了工业设计专业，既有综合类大学，也有艺术学院，还有中专、大专，其培养方案几乎千篇一律，而工艺美院招生很少，我们必须培养具备高层次、综合能力强、能适应我国未来设计发展战略需要的人才。这样的定位决定了我们的大纲必须强调创造力、注重"由表及里、由此及彼、举一反三、风马牛效应"型的抽象思维方法培养。同时，国内院校的工艺制作的条件跟国外比相差太大了，国外的工业设计教育有三分之二的时间是在车间里完成的，这是强调探索实践、在实验中发现问题。而我国规定上课必须要在课堂里，这是一个巨大的教育观念的区别。中国实习条件不好，实验室的建设也不到位。开始只是画图，后来引进了工具层面的电脑，设计就成了上电脑做做表面效果；提高制造效率的 CNC 出来了，又一股脑儿花大投入靠这技术"黑箱"完成"样机"。这种做法恰恰跟工业设计教育相违背，好像很高科技，这都是口号，但培养设计师并不是只要高科技，高科技是个技术，是被选择使用的而不是设计的目的！设计教育的关键是我们在明确目标前提下通过观察、分析探索问题，找到解决问题的方向。手绘也好、电脑建模渲染也好、CNC 或 3D 打印也罢，都回避了设计的关键。在重视外表效果或追求结果的效率都发现不了本质问题，都停留在"眼球效应"上，这根本不是从国家发展战略出发。中国要培养一批既立志又具备创造的设计人才，能把中国尽快从"制造大国"向"制造强国"再向"设计大国"演进所需要的设计人才。所以我国的设计教育必须在实践与理论交互中真正理解设计的目的，并能在设计研究、探索的过程中去学会应用、集成、整合知识、技巧的能力。

我们在制定大纲的时候就强调动手能力，所有的课都必须进实验室，这在过去是没有的，过去上课做作业是在画，现在每个课都必须做出模型来。做模型没条件，当时我跟学生开玩笑，没有设备，没有车床，没有铣床，只有锉刀、砂纸和锯子，我说你拿牙齿啃也得啃出来。

最后反而觉得效果非常好。同学做每一个东西从下料、定尺寸、画线，都需要自己动脑子，实际上这恰恰是培养设计师，不是培养技术人员。学生在做模型的时候，程序需要事先考虑好，实际上这是在设计。尤其开头五六年，在成立基础部之前，我们工业系迈出了非常好的一步。当时是轻工部相关专业唯一一个获得二等奖的重点学科。大纲里还规定每一门课，最后必须讲评。当时进到我们系的本科生，第一天我跟他们讲话时就说到我们系以后，不许讲你的画好看或者美，你要讲为什么觉得好，为什么选择这个方案，就是你必须站在设计师的角度为别人考虑，不止是你觉得好。这样就训练学生要思考，要讲出道理来，也锻炼了学生的表达能力。所以外系学生说工业系学生都会"侃"。实际上不是"侃"，他既能做也能够讲出道理来，这就需要通过全程序的设计实践训练。

什么样的观念决定什么样的方法，什么样的方法决定什么样的技术和工具。观念是最重要的。学生进来以后我们要先讲设计的理论，但是又不可能讲更多的东西给新入学没有丁点儿设计实践的学子们，所以工业设计概论并不是一下子讲完，那样他接受不了，他背下来也不等于理解了。开始只讲一些基本的道理—"设计导论"，还要引导他去观察生活，通过观察、体验后才能找出设计的感觉，之后再通过综合造型基础去理解。形式和内容是一个整体，造型离不开材料、工艺和技术，也离不开它所能解决的问题。三年级再讲与人类文明发展相关联的设计史和设计概论。我们甚至要求学生在每一个作业后面都要写报告书，训练文字能力。虽然不能像史论系学生那样长篇阔论，但起码材料的组织要有一定逻辑性、规范性，基本的框架要明白。我当系主任的初期还要求学生在三年级下学期以后都要写读书笔记，写小论文，这样在写毕业论文时不至于完全陌生，教学效果还是挺好的。读书要带着目的去读，善于从书里面找出有用的东西，才能尝到甜头。理论的指导作用太重要了，没有理论是绝对不行的。理论一定要讲，但不能是灌输，要在课题当中去体会，在把握程序当中能析出思想并整理思路。

本科教育主要解决动手、动脑相结合的设计能力，有一定的理论，能看清问题、找准问题以及提出解决方案。研究生就要引导研究生能在某一问题点上钻研进去，能够开拓研究。研究生教育就不能是以上课的形式，主要是自学的能力，自己开拓的能力。在开设的研究方向中引导他去解决某一个侧面、某一点的问题，研究生更强调的是扩展思路基础上的判断能力。现在硕士研究生的学制一般是两年，我们也很矛盾，2年非常紧张，往往还没有明白过来就要交论文了。第一个学期要上课，修学分，第二个学期就要开题了，他还没有进入自己的专业，其研究能力还没得足够训练就要答辩了。博士必须要提出自己的一套看法。硕士阶段可能是老师的想法，让他深入完成。博士阶段老师只是提一个方向，让他自己提出问题，自己解决，是独立自主的研究。所以从本科到硕士一直读博士有一定困难，应该有一些实践经验，在社会上有过经历再读博的比较好一点。我的感觉是，直读上来的博士生相对就比较困难些，有工作经历的人能够找到自己的方向，能够把握得住。

工艺美术学院合并到清华现在已经十几年了，我觉得合并20年以后应该是出成果的时候，但现在还基本上是把自己关在美术学院的大楼里边。最大的问题是：课题不应该光是美术学院的学生做，最好是和清华大学其他专业同做一个课题。如果能实现这样的教学改革，学生能互通或者课程表能调整的话，那将是一个非常好的局面。那样我们的师资就得到了综合大学的营养，他们也得到了我们的营养，汇聚成一个机体，这才是合并的真正意义。美术学院不应是一个"花瓶"，而是要真正融入清华。

当然，现在通过有些项目已经有这个苗头，比方说工业系、信息系、环艺系、视传系等在奥运火炬、在米兰国际博览会"中国馆"等项目上已经开始合作了。大家都有这个愿望，就是有些课应该共同上。同样一个题目，几个专业都来做，角度不一样，你的知识会影响我，我也会影响你，这样学生将来更能适应社会。因为现在是个综合时代，很多创新的领域往往是边缘交叉的，培养学生这种适应能力。所以"科学×艺术"，不是"科学＋艺术"，不同范畴、类别的无法相加，只能"相乘"，才会有全新的概念衍生出来。我认为美院在清华大学一定要发挥这个作用，别关着门，开放不光是对国外开放，不光对外校，在清华校园里面就应该开放，这个潜力实际上是很大的。但我觉得目前教学的管理制约了综合与开放。生产关系制约了生产力的发展，管理上的条条块块分割，这一点恐怕大学要调整。课表、课程设置决定了不可能去选别的课，没有实行真正的学分制。最好是工业工程系、环境工程系、精仪系、汽车系、工业系、管理系等的学生一块儿做课题，这么综合起来，优势就大了，美国很多学校都在这么做。院系之间早就应该打通，这个篱笆应该拆掉。"管理"不是"管"，"管"是手段，而"理顺"才是"目的"。

仅靠学生选课还不够，那是松散的。比如每一个学期组成若干个课题组—Team（团队），这个 Team 中有搞管理经营的、工程的、设计的，这些在一起搭班子搞设计。美院的学生虽然不懂管理、工程，但可以在设计过程中把其他专业的知识和技巧在实践中融进来，大家互相学习，培养出来的是复合型人才，而且是在设计实践中学习。这种方法在目前的体制里根本做不到。国际上特别强调这种方法，这样才能培养出引领潮流的人才。我们只能在形式上引领，有很多具体的问题，包括脱离实际、迈不出去。我们到企业去，只能站在企业之外，企业家做了决策以后，只能解决表面的形态问题，而对于创新、品牌建设以及企业发展的大趋势，我们没有影响力。

国外的设计院校的课程排法和我们不一样，我们还是阶段式的，国外是一个学期就是一个大课题，教学和实践可以完全结合起来。一个学期一个课题，所有的知识作为支撑，问题的目标设定很清楚，所有的知识必须汇集到目标上用。理论课、知识课等都以上大课的方式支撑项目的推进。不强调课外课时、课内课时，设计就是要调研、研究试验，要看方案的，要随时交流。上课形式也不只是在教室，教室只是其中一个交流的空间，老师不是靠讲，而是靠引导。我在德国待了3年，教授讲的还没有1985年请他来办一周讲座讲得多，欧美也是如此设课。恐怕全世界唯独中国的设计教学是在课堂上的图纸或屏幕上完成。国外的学生不是每人都有课桌，教室一般都是共用的，但每人都有柜子，在车间或实验室里都有工位。混班可以更早地接触专业，大家各自做自己的东西，连吃饭聊天时都可以交流、互动。潘昌侯先生曾在"文革"后试着推行过这种教学模式，但是推行不了，因为管理上的限制，教务处这一关就过不去。我们系也这样尝试过，报给教务处的是分阶段分老师的课，但实际上是老师组在上课，一个综合课题从学期开始带到学期结束。

在国外工业设计专业几乎没有基础和专业的界限。咱们第一年是基础课，第二年是专业基础，第三年是专业。国外一进校就是专业和基础，直到四年级还是这样，对基础的认识是不一样的。现在回想潘先生讲的专业课，我得到的是最基础的东西：怎么去做事情、怎么去思考问题，只有这样你的知识和技巧才能发挥作用。我们经常被别人整合，来参观的、办展的络绎不绝，我们在为社会默默地作贡献。来的外宾很多，迎来送往，国外有个项目我们和他们合作，我们感觉很荣耀。实际上我们的知识和教学资源被老外整合了，都是为他们的课题服务，真正我们提出课题去整合别人的几乎没有。这就是组织能力和超前能力的缺失。中国现在市场这么大，有机会，但没人思考这类题目，思考以后，也没有这样的经济实力，各方面的制度又跟不上。这和我们国家的工业引进一样，没有自主的东西，这个时间不能太长。就像制造业一样，别人用的是我们的廉价劳动力，知识界现在也是这样，被别人整合，为别人的成果服务。现在国内院校最关键的问题就是集成、整合创新能力和系统创新管理机制的缺失。

清华大学是研究型的，但实际上我们的研究机制没建立起来。研究型到底怎么个研究法？院里开会的时候，也经常讲不能丢掉我们的表现能力，这是我们的优势。但如果必须转成研究型的话，我们老师的知识结构要大大调整。而这一步迈不出去也还因为观念和体制的限制。清华大学希望我们美院培养"特殊优秀人才"，而我们学院的观念、机制、能力还满足不了这个期望。

我印象中有个展览展出张仃先生的《苍山牧歌》，装饰性很强，在学术界反响很大。张先生的风格和他提倡的创新对我们影响很大。还有在我们入学时雷圭元先生的讲话，他做的是热爱专业的教育，提倡干一行爱一行，"嫁鸡随鸡，嫁狗随狗，嫁个扁担扛着走"，让我们不要改行。当时整个美术界对工艺美术是瞧不起的。虽然工艺美术学院的历史短，是从中央美术学院分出来的，但这些年为什么会壮大，主要是因为它和国家的建设和生活紧密关联，发展的空间很大。而纯美术呢？实际上"大美术"过于空泛。合并前有人也这样提过，这是20世纪末的提法。当时设计已经起来了，因为有种危机感才会提出个"大美术"的概念。我们今天处于弱势，文化曾经很强，现在很弱，我们越是弱越要强调传统，这是一种逆反心理。如果自己很强的话，根本不用说这些。"大美术"是个表面的东西。

过去工艺美院还有这么一种人才，也是我们学院现在缺的人才，就像奚小彭先生这样的人才，他懂专业又和当时的工程源结合紧密——与国务院机关事务管理局关系很好，能接到大的公共建设项目，以此来整合工艺美院的知识、整合教育、整合人才，能够把工艺美院的学术水平提升上来。"文革"以后，在某种程度上出现了一个断代问题，常沙娜院长担负了一部分这样的任务，因为她在社会上是名流，还能带进些信息来。再一个就是袁运甫先生，他是个活动家。现在这样的角色少了。实际上我们教师专业力量并不弱，人才也很多，但就是缺少聚合力。聚合力也不是靠一个人去喊出来的，缺的就是CEO这样的整合资源的人。大家都在做学问做学术研究，但技术力量集中不起来，都是散开在做。像奚先生、常院长那样有魅力的人，或者像袁运甫这样能够组织、张罗的，有社会影响力的人，现在没有。这和时代有关系，我们没有跟上时代。只能说我们在培养梯队的时候对这方面是比较忽略的。实际上现在设计教育又在重新洗牌，其他院校很活跃，我们这几年为了调整班子、合并、搬家，实际上已经晚了一拍到半拍，这让人感觉很担心。实际上工艺美院培养的人，缺一种有凝聚力、执行力的人才，也就是引领潮流的人才。工艺美院的发展历程到现在是个十字路口，已改名叫美术学院了，有这个名就要行其实。搞美术的话，力量和特色就会不一样。

这样做实际上会把我们学院的设计特色淡化了。工艺美院的成长壮大就是因为能整合人才、知识的设计学院。应该叫设计艺术学院或叫艺术设计学院，但不应是个美术学院。

我国设计教育现状反映了我国对设计的认识，虽然现在中国工业设计专业90%以上是放在工科院校里的，但是基本现状仍然是美术加上所谓技术。这是一个普遍问题。整个中国对设计的认识都偏造型、美化，因为几十年来中国的产业就是"加工型"的制造业，工科院校培养出来的也是造型人才。在20世纪80年代后期工业设计教育大辩论中，工科院校唱得最响的就是：我们是工科院校，我们培养出来的不是美术人才，但事实上他们却在"美术"面前下跪了，他们也是画效果图，搞造型。现在纯美术很难招生，像中央美术学院设计专业的招生规模比美术专业大得多，中国美院和广州美院都是如此，这就是尊重社会的需求。正因为是这种关系，实际上咱们的设计教育还是美术教育，而非真正意义上的设计。再加上当时中国发展的阶段也要的是外观、美化，所以中国大学教育所处的阶段都是职业教育，都是要找工作的来上大学的。这个发展阶段也只能这样，但应该尽量扭转，不然将来的人才只能是挣钱的机器，跟着企业家和商场走。

工艺美术学院为什么在20世纪60年代发展起来，是因为结合了国家建设的发展、生活改善的需求。"文化大革命"以后又进一步发展，也是因为结合了所谓"市场"（实际是"商场"）需求。在过去的三四十年中，我们的影响之所以在某种程度上超过了中央美术学院，就是因为我们不是一个个体的纯艺术活动，不是茶余饭后的东西（不是不要艺术，艺术是潜移默化、长期的事）。我们的学术建设、学科建设紧紧扣着国民经济的发展，而学院的成功和发展就是契合了这个需求。我觉得在清华里面不应叫作美术学院，我认为这是一个巨大的历史错误。现在说也没用，但我还是要说，应该是一个设计学院或设计艺术学院，这样才能把我们学院的优势积淀，发展的机遇才不会丢掉。一叫美术学院，美术的发展是名正言顺的事情，它肯定要分配精力，要占据空间，那么设计艺术的发展自然会受到影响。

过去是全民所有制计划经济，现在是市场经济，平等竞争，我们所具有的机会，中央美院、广州美院、中国美院都具备，所以现在面临一个新的问题，在这种环境当中，我们怎么跟国家经济发展紧紧扣在一起？所以，我觉得这才是工艺美院这么多年的传统，也是今后发展的基础，千万不能丢掉这一点，这是学院今后发展的一个重要的关键点。再一点就是，理论研究绝对不能丢，因为我们是研究型大学。如果理论不清楚的话，会浪费很多时间，会乱撞墙。现在已经有二三百个类似的院校，我们要脱颖而出，必须把准脉搏。研究设计理论的目的到底是什么？中国未来的设计应该怎么走向？！这是关键。

Industrial Design
Thoughts in China
—

Make a point
—

立论 ———

MAKE A POINT

Industrial Design
Thoughts in China
—
Make a point
—
292

设计作为科学和艺术融合的典型，应该怎样认识？这是个老问题，也是个人类认识自己和世界的新课题。我一直想研究出一套完善的、系统的、相对正确的"方法论"，作为一个一级学科，没有相对独立的、科学的体系是不能确立"设计学"的。这个过程很长，但是又是必需的，否则这个学科永远像漂浮在水面上的油花，没有根。

1985 年开了一个全国工业设计的教育研讨会，我在会上提出了工业设计是"创造更合理的生存方式"，可以说我是第一个提出：设计是"生活方式"的概念。生活方式讲的不是某一个孤立的状态，它讲的是一个系统、态势和动态发展过程。它不只是研究人的动作—"人机"，而是研究人的一连串动作与"物"—"物与物"与"环境"的相互关系的—"人因"。工具也好，产品也好，都不是孤立的一件东西，"物"是关系结构上的一个组成部分，而不是主角。主角是人，是人的行为。人的使用行为也不是孤立的一刹那，它有时间性、空间性。是时间、空间中"文化了的人"在生活中解决问题才需要工具或产品，所以一切"物"都已是"人化"（历史）了的或必须被"人化"（设计）。"物"不是孤立存在的，必须是以"物系统"存在，大多数人看不见这个"系统"，设计必须揭示这个"系统"的客观存在。这也是国人关心的是"要素""元素"，把"传统精神"固化在"传统形式"上了的原因。

在这个思考基础上，我研究事理学在 20 世纪 90 年代初已经有了眉目，但正式出版是 2006 年 1 月的《事理学论纲》。这里面的"事"是一个人与物与社会的"系统"，提倡"实事求是"的认识论和方法论。中国的文字—"事物"就是"事"在先，"物"在后；"事情"有了"事"，才有"情"。"事"研究透了，"物"的定位就准了，"情"也就有了。也就能够解决如何看待传统的问题—事情变了，传统的形式肯定不符合变化发展了的今天和未来，所以继承的不是形的表面东西，而是继承整个人活动的行为和人的精神，创造才是本质。"传统"是"创造"出来的，绝对不是继承出来的，每一位民族都在不断地创造传统。

我于1985年暑假意外发现一本解放军出版社出版的《关于人为事物的科学》，作者是赫伯特·西蒙，他是美国的一位诺贝尔经济奖获得者。他是第一个把"设计"作为科学来研究的，他的提法给了我极大的启迪。我明确地提出"事理学"论点就是更强调"事情"，强调对"外部因素"的研究是"设计学"的核心，因为环境因素决定人的行为。如果把外部因素研究透彻的话，事情的性质就定下来了，物的性质也就决定了，那么创造性也就出来了。"人为事物说"还局限于"事和物"之间的平衡关系，而我的"事理学"更强调对"事"的理解—对"人与物与环境与社会"的整体系统结构的研究。

"事理"再深一步，"理"并不是僵化的、纯理性的东西，它客观上更多会反映衍生的"情感与价值"。在此基础上，接下来应该能建构"事情学"，那就会更加完善。因为有"情"，更适合今后世界的人口、资源、污染、贫富悬殊等问题，我提出的"提倡使用，不提倡占有"的"分享型服务经济"生存方式的设计，必然研究人类需求从占有"物",向多元、体验的精神世界的发展。现在我们的创造力被束缚,就是太看重"物"了,看重物就只能是改良,舍去就很难,舍去却又违背传统了。但事理学强调如果我把事情弄清了,这个东西我就敢于设计它,更强调新物种的产生。创造必须要有依据,并不是梦想,要脚踏实地,实实在在的事情就是脚踏实地。并不是为了超越现实,而是解决不断产生的新问题,其中自然要有新的方法出来。我在21世纪初提出的"创新"理论—"事理学",恰恰是过了10年,"创新"才成为当今世界主流思想。

"事理学"的基础是"系统论"。系统最关键的是结构,每个子系统和要素之间的关系,远远重于物,重于要素,要强调整体的作用,就是要创造新游戏"规则"。把这个弄清楚,我们中华民族才有可能迈出那一步,不然的话,老是跟着所谓的"一流"跑,追上它也还是个"二流"。

1985年在北京召开的高校工业设计大会上,我的发言提出了"生活方式说"—"设计是创造合理、健康的生存方式"。这个定义是我第一个提出来的,当时大家都反对,过了三五年,丹麦才举办了一个"生活方式设计展"。到了现在,大家都言必提"生活方式"。讲"事理学"我也是最早,国外实际上也只是在"事理"的枝节上研究,没有明确提出来这个"提纲挈领"的"事理"。把事情抓住了,物的本质就能显现出来。包括现在做时尚的设计方法,如:用户研究、用户分析、交互设计、体验经济等其实都是"事理学"的分支。研究用户的生活,才能了解他潜在的需求，而不是用户要什么我给他什么。用户不是专家，他说出的往往并不是真正需要的，我们要挖掘他没有说出来的东西。研究"事情"我们可以分析出来，破译出来。当务之急，是企业做不到的"事"，而政府应该可以做的，就是建立中国人的生活方式形态数据库。早在20世纪90年代我向北京市科委提出要建立国人的"生活方式形态模型"，又在日本的一次国际论坛上专题发表"生活方式形态的模型"演讲，其实这就是过了十几年大家才提倡的"大数据""数据库"。外国人现在在研究中国的东西，我们自己恰恰没有，而是跟着外国人走。最近10年来日本、韩国经常开会，把中国的学者请过去，负责飞机票、三五天的接待费，要求中国的学者把中国的情况介绍给他们，包括中国市场、风土人情、设计教育、年轻人的生活状态等。我国现存的问题是只解决看得见摸得着的东西，基础研究没有。没有基础数据，怎么能知道设计业的发展健康不健康？我们呼吁了这么多年，没人理解，课题也报不上去。人文学科报一个课题，填那么多表，最后就两三万，能做什么？不敢报，报了以后就砸在手里了。主管部门太实际了，都期望"今天种树，明天乘凉"，急功近利，要马上见效益。

中华人民共和国成立前中国的工业体系十分羸弱，中华人民共和国成立后国家为了迅速建立我国的工业体系，不得不从"老大哥"引进工业装备和流水线，记得当时有个口号："造船不如买船，买船不如租船。"1957年人民日报刊载了一篇文章《"0"的突破》—盛赞长春第一汽车厂投产。1957 年长春第一汽车厂的解放牌汽车正式投产的车就是引进了苏联卫国战争拉炮的、载重 4.5 吨的卡车，每年的产量超过了当时全日本的卡车产量。当时全国所有机关、厂矿都有解放牌卡车，拉煤炭、拉钢铁、拉产品、拉粮食、拉白菜、拉棉花，甚至拉人都用它？！ 30 年过去了，到了 1987 年质量、数量都大大提高了，也培养了许多技术能手、先进生产者和工程技术人才，但解放牌载重还是 4.5 吨，轴距、底盘的参数都没有变？为什么？现成的引进流制造水线的"制"成了制约了我们对"车只是运载的工具"的认知，"造"的数量、质量的技术参数掩盖了我们对运输本质认知。"引进"使我们立即尝到了加工制造的效率，但却忽略了"引进"流水线参数设计的缘由。解放牌卡车的性能是为了战争牵引山炮、野炮或榴弹炮转移阵地所需和转载弹药、炮兵所设计，而国内为运输不同性质、比重的装载物和行走于公路、城市内道路所需的技术参数必须重新设计发动机、底盘、轴距、车型等。所以设计方法论中"目标"的研究和定位是设计的首要，而"外因"—使用环境、时间、条件的研究是实现"目标"的基础，以此才能将"目标"落地为"目标系统"，成为"设计的定位"。然后才有"评价系统"的建立，并以此选择原理、构造、技术、工艺的参数和造型的意象。还有一个经历使我明白了设计不是在创造产品，而是适应性地解决潜在需求的本质问题。20 世纪 70 年代我国外交战线的胜利，需要建设大批小型外国使领馆，这些公共建筑的规模不可能像 50 年代的"十大建筑"，其空间、尺度都小得多。可是我在做了现场调研后为23号使馆的室内设计时，实事求是地将灯具嵌隐于较低矮顶棚内，保证了照明需求的装置，却被习惯制造大型吊花灯的工厂称作"不叫灯"！？这件事使我突然明白了：我设计的不是"灯"，而是"照明"！这个案例便是我"事理学"理论的雏形，设计的不是"物"，而是彼时彼地"外因"限制下"目标系统"的解决方案。

另一个事例再次证实了我的思路。20世纪90年代我第一次参加德国《Auto motor & sport》大赛，对于从未做过的"汽车设计"实践和经验—"设计师之梦"，我坚持设计方案着力于解决中国交通问题，不作汽车而作"mobility"。竟在德国国际汽车大赛获得了奖（2002年参加德国Pfozheim汽车设计竞赛入选赴德作品2项，获品牌创意奖1项；2004年再次获德国《Auto motor & sport》主办的国际汽车设计邀请赛最佳市场策划奖、最佳汽车内饰奖）。

为此，我更坚定了探索设计教育必须着力于培养解决中国自己的问题的设计人才，我便在本科教育中改革"设计概论"内容和开设"设计思维方法"的训练。中央工艺美术学院开创院训"衣食住行"是十分英明的，它切中了设计的本质是"事"，而不是"物"，一万年人类需要"衣食住行"，亿万年后人类也需要"衣食住行用交流"，只是时过境迁、与时俱进，需要我们根据时代的进步，不断开发创新，而不被原有的"物"—"名词"所牵绊。在20世纪90年代我系本科生在我的引导下提出了许多现在社会才认知的设计，如：早于"摩拜"20

年就提出了"最后一公里"—城市短途交通系统; 早于"设计创客"20年就提出了的"商港"; 早于"廉租房"15年就提出了为"打工仔—城市弱势群体的移动住宅";以及专为农民设计的"击打旋压式洗衣机"等。

1999年我参加国内第一次"科学与艺术"大展的设计《组合飞机和概念机场》,就是以"服务过程"为目的的设计理念实践,这早于国际上近10年才提出的"服务设计"。1999年在大阪召开的"亚太国际设计会议"上,日本"松下"洗衣机部部长大谈21世纪洗衣机的技术如何如何? 大会主持人、东京大学的材料专家问我:中国21世纪洗衣机的前景? 我的回答语惊四座:"21世纪中国淘汰洗衣机!"棒槌、搓板、洗衣机、自助洗衣站……难道100年还用既浪费淡水,利用率不到10%,需要那么多的资源生产的洗衣机吗? 设计的本质是干净衣服,当衣服的原料变化了,还要用宝贵的水清洁衣物吗? 我提倡做"事"而不被囿于"工具"的限制,"工欲善其事,必先利其器","善"是评价"器"的尺子,这种思维方式才是真正的"创新思维"!

通过我从1998年起指导的博士生的论文定题可看出我对"设计学"的研究思路:

《汉字字体演进研究》;

《事理学设计方法论》;

《巧适事物—从"金"探究中国古代设计思维方式》;

《中国古代"木"的设计思维方式研究》;

《器以象制,象以圜生—明末中国传统升水器械设计思想研究》;

《谋事之道—中国古代五行之火的人为事物设计思想研究》；

《随方制象，事通情理—从生土建筑比较论设计的适应性》；

《设计文明的事理研究方法—以古代美索不达米亚与中国的案例比较为例》；

《从价值分析到价值创新—基于工业设计的价值创新理论框架》；

《"和"与"间"—中日两国艺术设计思想比较》；

《基于非语言符号、跨文化交互式用户调研的设计方法研究》；

《实事求是—商品设计评价体系研究》；

《基于设计事理学的用户研究》；

《现代大众产品设计的中国特色研究—以生活方式的视角》；

《持续之道—产品可持续设计的理念研究》；

《工业设计产业的园区发展模式研究》；

《中国工业设计园区的创新模型与评价体系研究》；

《中国工业设计产业—演进原理与主体结构》；

为此还在高教出版社出版了一套《中国古代设计事理学系列研究》（上、下篇）。

记得我 1984 年回国前，我的导师 Klaus Lehmann 教授请我吃饭，他给我讲了一个德国游戏故事—"找针"。在一个足球场里扔了一根针，场边有一桌美味饮食，有不同人来找针。第一个进来找针的是英国人，他径直走到足球场低头认真地徘徊找啊，找啊！这位英国绅士累得腰酸背疼也没有找到，他终于认输说抱歉。第二个进到足球场的是一位风度翩翩的法国人，他象征性地在场内找了一遍，就坐在桌前有吃有喝，然后说：这么大的足球场不可能找到一根针！第三位进到球场的是一位严肃的德国人，他看了看球场和一桌饮食，没有马上去找针，而是向游戏组织者提问：可不可以给一个工具？然后他接过一根手杖后，在足球场上划1平方米的方格。这个"磨刀不误砍柴工"的做法可能用了一个多小时，他可能坐下来解一下渴、吃一些食物后继续到场内一格挨一格地找针，只要他耐心地找下去，一定能找到。雷曼教授的这个故事给了我一个启发，只要有方法和工具就一定能解决问题。回国后我也尝试这么做，可是我后来发现这是一种没有办法的办法——"试错法"。"666"杀虫剂就试验了666次才成功，而俄国化学家门捷列夫先找到元素分子量规律，预示了未被发现元素的物理、化学特性。这个科学方法告诉我们，研究也是创新知识、创找方法的过程。回国数年后我又到德国拜访雷曼教授，在吃饭过程中，我突然说：第四个进到足球场的是中国人。他一时没反应过来，过了一会他说，他很想知道中国人如何找针？我说：中国人也没有马上低头找针，而是向游戏组织者提问：什么样的人？在足球场哪个位置？向哪个方向？以什么姿势扔出的针？这一连串围绕"人"、人的"动作行为"和环境等外因的研究不就是设计思维与技术工具论的区别吗？

我所研究和提出的"事理学"理论逐渐清晰起来，终于在2005年完稿了《事理学论纲》。我的求学、实践、设计、教学经历给了我启蒙、磨炼、淬火、担当、构筑、立论的机遇。接着我的《设计方法论》以"本体论""认识论""方法论"和"方法与实践"四大部分统一在"事理学"的论述，也在此基础上于2011年交由高等教育出版社出版。

我现在正致力于分享型服务设计的研究与实践，希望能以此扭转整个世界都因为商业、科技而扭曲了人类社会发展的方向。"设计不仅仅是生意，而还应为人类可持续生存繁衍担当！"工业革命开创了一个新时代，工业设计正是这个大生产革命性创新时代的生产关系。但也存在着另一面，功利化的工业化经济迅速地被大众市场所拥抱，从而孕育了人类"新"的世界观——为推销、逐利、霸占资源而生产，这似乎已成为当今世界一切的一切的动力！？工业设计的客观本质——"创造人类公平地生存"却被商业一枝独秀地异化了！

然而，人类毕竟不仅有肉体奢求，人类还有大脑和良心。人口膨胀、环境污染、资源枯竭、贫富分化、霸权横行等现象愈演愈烈，但毕竟还有一些有良知的人士逐渐意识到人类不能无休止地掠夺我们子孙生存的资源和空间。

当今的科学技术发展如火如荼，科技给人类带来福祉的同时也带来潜伏的灾难。人类的未来难道就蜕变成只有脑袋和手指吗？科技绝不是人类生存的目的，仅仅是手段。我们常常会在追求"目的"的途中被"手段"俘虏了。科技不是目的！它仅仅是被人类实现目的而需选择、被整合的手段。但商业唯利是图的诱惑太让人难以抗拒了，这个世界到处醉心于"商业模式"，一切具有生命力的设计创新都被利润扭曲了，继续在诱引人类无休止地消费、挥霍、占有！

服务设计思维在全球虽仅有着 20 多年的发展历程，但在全球产业服务化的大趋势下，服务设计作为一门新兴的、跨专业的学科方向，已经或正在成为个人和组织在服务战略、价值创新和用户体验创新等层面迫在眉睫的需求。我们倡导中国设计界、学术界和产业界以及具有共识的组织和个人，结合中国文化与社会发展实践，共同建构中国特色的服务创新理论和方法，以"为人民服务"为宗旨，共同开启中国服务设计的新纪元。

但是当前世界领域的服务设计基本仍局限为逐利的工具、技术层面的探讨，至多是策略层面的研究，忽略了服务设计最根本的价值观—提倡分享的使用、公平的生活方式！这个价值观的升华才是已发展了百年多工业设计真正的归宿。

既要发挥服务设计是创造和拉动中国市场和社会进步的新的强大力量；也要应用服务设计是联合现代科技创新，实现共创共赢的新的有力工具；还要将服务设计作为中国乃至世界文化和产业的新活力。但是服务设计的根本目的绝不能忽视！否则我们会舍本求末。

服务设计诠释了设计最根本的宗旨是创造人类社会健康、合理、共享、公平的生存方式。人类的文明发展史是一个不断调整经济、技术、商业、财富、分配与伦理、道德、价值观、人类社会可持续生存的过程。服务设计聚焦了设计的根本目的不是为了满足人类占有物质、资源的欲望，而是服务于人类使用物品、解决生存、发展的潜在需求。这正是人类文明从以人为本迈向以生态为本价值观的变革，所以分享型的服务设计开启了人类可持续发展的希望之门。

我真诚地向读者们敞开、分享我的思路，并寄希望于我国设计工作者共勉，端正对设计目标和价值的认识，真正发挥"设计"对科技、商业的博弈功能，规避"跟老外"、追时髦、急功近利，认真、踏实、实事求是地研究中国国情和中国百姓的潜在需求，探索中国社会全面发展的路径。不要把设计当作职业，也不仅把设计当作事业，而是把设计当作使命或信仰，从而担当起复兴中华民族的大任，继而为人类社会未来不被毁灭而贡献设计的智慧。

图书在版编目（CIP）数据

中国工业设计断想 /柳冠中著. -- 南京: 江苏凤
凰美术出版社, 2018.2 (2024.5重印)
　　ISBN 978-7-5580-3386-5

　　Ⅰ.①中… 　Ⅱ.①柳… 　Ⅲ.①工业设计–研究–中国
Ⅳ.①TB47

　　中国版本图书馆CIP数据核字（2018）第040428号

责任编辑　　方立松　　王左佐
封面设计　　焦莽莽
设计责任编辑　　唐　凡
责任校对　　孙剑博
责任监印　　唐　虎

书　　名	中国工业设计断想
著　　者	柳冠中
出版发行	江苏凤凰美术出版社（南京市湖南路1号　邮编：210009）
制　　版	南京新华丰制版有限公司
印　　刷	南京新世纪联盟印务有限公司
开　　本	787mm×1092mm　1/32
印　　张	9.875
版　　次	2018年2月第1版　2024年5月第3次印刷
标准书号	ISBN 978-7-5580-3386-5
定　　价	78.00元

营销部电话　025-68155675　营销部地址　南京市湖南路1号
江苏凤凰美术出版社图书凡印装错误可向承印厂调换